机械创新能力开发与实践

- 任小鸿 主 编
- 文仁兴 梅 静 副主编
- 高朝祥 主 审

JIXIE CHUANGXIN NENGLI
KAIFA YU SHIJIAN

化学工业出版社

·北京·

本书共分三章：第一章我想创新，介绍创新动力激发与创新动力形成；第二章我要学习，介绍创新能力的开发、创新方法及机械创新设计原理方案等内容；第三章我能实现，介绍典型机械创新设计案例的创新过程，提高学生机械创新产品创新能力，引导提出改进设想，完成实践任务。

本书紧紧围绕机械创新能力的培养与开发，以案例为抓手，结合创新思维和方法在机械原理方案设计、机构设计、结构设计等各阶段的应用，分析常用创新方法的主要特征，培养学生综合应用所学知识和技能解决生产实际问题的能力，提高创新能力。

本书可作为机械类专业的创新创业教学用书，也可供有关教师、工程技术人员和科研人员参考。

图书在版编目（CIP）数据

机械创新能力开发与实践/任小鸿主编. —北京：化学
工业出版社，2019.2
ISBN 978-7-122-33658-3

Ⅰ.①机… Ⅱ.①任… Ⅲ.①机械设计 Ⅳ.①TH122

中国版本图书馆 CIP 数据核字（2019）第 005232 号

责任编辑：高　钰　　　　　　　　　　　　文字编辑：汲永臻
责任校对：王鹏飞　　　　　　　　　　　　装帧设计：刘丽华

出版发行：化学工业出版社（北京市东城区青年湖南街 13 号　邮政编码 100011）
印　　装：三河市万龙印装有限公司
787mm×1092mm　1/16　印张 10　字数 243 千字　2019 年 7 月北京第 1 版第 1 次印刷

购书咨询：010-64518888　　　　　　　　售后服务：010-64518899
网　　址：http://www.cip.com.cn
凡购买本书，如有缺损质量问题，本社销售中心负责调换。

定　　价：38.00 元

前　言

　　创新是人类文明进步、技术进步、经济发展的原动力，是国民经济发展的坚实基础，是国家兴旺发达的不竭动力，因此，从常规中走出来，挖掘创造性思维，强化创新设计能力开发，走出一条具有行业特色的创新之路成为当务之急。

　　本书紧紧围绕机械创新能力的培养与开发，以案例为抓手，结合创新思维和方法在机械原理方案设计、机构设计、结构设计等各阶段的应用，分析常用创新方法的主要特征，培养学生综合应用所学知识和技能解决生产实际问题的能力，提高创新能力。本书共分三章：分别介绍了我想创新，介绍创新动力激发与创新动力形成；我要学习，介绍创新能力的开发、创新方法及机械创新设计原理方案等内容；我能实现，介绍典型机械创新设计案例的创新过程，提高学生机械创新产品创新能力，引导提出改进设想，完成实践任务。

　　本书在编写过程中力求做到循序渐进、兼顾理论与实践应用的原则，内容讲解从概念出发，进而到设计理论，再到案例分析与制作，有很强的实用性，内容的组织力求由浅入深，逐层推进，便于读者学习。

　　本书的内容已制作成用于多媒体教学的 PPT 课件，并将免费提供给采用本书作为教材的院校使用。如有需要，请发电子邮件至 cipedu@163.com 获取，或登录 www.cipedu.com.cn 免费下载。

　　参加本书编写的有：刘海（第一章）、徐茂钦（第二章第一节第二节、第三章案例 3-11）、梅静（第二章第三节）、李婷（第二章第四节）、邹修敏（第二章第五节）、彭悦蓉（第二章第六节）、余俊龙（第二章第七节）、张国勇（第二章第八节）、周林军（第三章案例 3-1、案例 3-10）、陈冉（第三章案例 3-2）、李文（第三章案例 3-3）、周晶（第三章案例 3-4）、陈玲（第三章案例 3-5）、文仁兴（第三章案例 3-6、案例 3-8）、陈勇（第三章案例 3-7）、任小鸿（第三章案例 3-9、案例 3-12）。全书由任小鸿主编并统稿，文仁兴、梅静副主编，高朝祥主审。

　　在本书的编写过程中，参阅了大量文献资料，引用了有关参考书中的精华及许多专家、学者的部分成果和观点，在此，向为本书编写中提供热心帮助的专家及同行致以衷心的感谢！

　　由于机械创新能力开发涉及面广，创新思路不断升级，加之编者水平有限，编写时间比较仓促，书中欠妥之处恳请读者批评指正。

编　者

2019 年 1 月

目 录

第一章

我想创新

创新已经成为当代的主旋律。作为 21 世纪新一代的高技能人才，时代的车轮把我们推向了创新创业的时代潮流之中。大学生创新意识以及能力的培养已经成为国家发展战略的需要、社会的需要和时代的主题，创新理念形成对于当代大学生的学习和成长具有十分重要的意义。纵观古今，能够做出巨大成就的人都有一个共同的优秀品德，那就是能够摒除落后的观点，善于创造，能够独辟蹊径，发现前人的错误并改正，解决前人所没有解决的问题。所以，想要有所作为，就必须不断学习，培养和形成属于自己的创新思维与理念，激发创新动力。这样才能在现代社会拥有自己不一样的成功人生。如图 1-1 所示，就是一架通过创新思维设计的多功能概念飞机模型。

图 1-1　多功能概念飞机模型

本章主要通过创新动力激发和创新意识的培养学习，激发创新动力，培养创新意识。

第一节　创新动力激发

一、创新对人类的影响与贡献

1. 创新促进人类社会发展

创新是社会发展的动力，也是人类进步的阶梯。哥白尼打破传统宗教以地球为宇宙中心的理念，促进了科学进步，从而万古流芳。比尔·盖茨放弃哈佛学位，致力于当时并不吃香的电脑行业，成为世界首富。瓦特通过创新发明了蒸汽机，开启了工业革命。如图 1-2 所示瓦特与其蒸汽机。在不同时代，创新都促进了人类社会的进步与发展。

2. 创新提高了人类生活质量

因为创新，电灯取代了蜡烛（图 1-3 为爱迪生创新发明的灯泡），楼房取代了平房，空调取代了风扇。当大多数人认为飞机依靠自身动力的飞行完全不可能时，莱特兄弟却不相信这种结论，从 1900 年至 1902 年，他们兄弟俩进行了 1000 多次滑翔试飞，终于在 1903 年制造出了第一架依靠自身动力进行载人飞行的飞机——"飞行者"1号，并且试飞成功。飞机的飞行速度快、机动性高，极大地拓展了人们的出行方式。创新改变了我们的衣食住行，提高了我们的生活质量。在日常生活中，有很多创新的想法与案例，有些创新是革命性的变化，例如，手机支付功能让我们出门只需要带着手机就可以购买任何商品，改变了用现金购买商品的传统模式。有些创新则是生活中的一些小小改进，这些小小的改进可以让我们的生活更加便捷、更加安全。如图1-4所示就是生活中的一些小的创新改进。因此，创新对人类生活质量的提高起到推动作用。

图 1-2　瓦特与其蒸汽机

图 1-3　爱迪生创新发明的灯泡

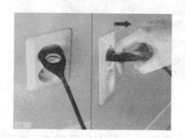

图 1-4　生活中的一些小的创新改进

3. 创新推动了人类文明进步

在人类学和考古学中，文明可以指有人居住，有一定经济文化的地区，例如两河文明、黄河文明；也可以指文化类似的人群，例如基督教文明、儒家文明。在推动人类文明的各种因素中，文化是一切变革的基础。历史经验表明，文化影响着科技的生成、发展与传播，影响着创新的进程与结果。推动人类文明的主要革命有工业革命和信息革命，人类主要经历了三次工业革命和四次重要的信息革命，这些变革都与创新息息相关。因此，创新在推动人类文明进步。

二、世界各国都大力鼓励创新

创新发展已经成为世界各主要国家的发展战略。各国均把创新提到重要的位置，为创新者提供更多的回报，以此来吸引与引进创新人才开展创新研究，提升自己的国际竞争力。随着经济全球化的不断深入，创新人才的竞争越来越激烈，不管是发达国家还是发展中国家，都出台了相应的培养创新人才以及吸引创新人才的措施。因此，大学生一定要学习创新、参与创新、大胆创新，把自己锻炼成优秀的创新人才，实现自己的人生价值。

1. 美国

从 1995 年到 2000 年，美国政府先后颁布了《国家技术转让与促进法》（1995）、《联邦技术转让商业化法》（1997）、《技术转让商业化法》（2000）等，为技术成果的商业化应用创造了有利的环境，美国先后出现了很多优秀的成果，如图 1-5 所示的矢量大推力航空发动机就是其中之一。2006 年 1 月 31 日，美国总统布什在国会发表国情咨文时，宣布了耗资 1360 亿美元的"美国竞争力计划"，并且在最近几年的投入更是有增无减。

图 1-5　矢量大推力航空发动机

2012 年奥巴马提议，由联邦政府拨款 10 亿美元成立 15 个制造业创新研究所，组成国家制造创新网络（National Network for Manufacturing Innovation），旨在通过政府部门、产业界和研究机构的合作来促进制造业复兴。各个创新机构通过调动特定地区的力量，将企业、大学、社区学院和政府整合起来进行联合投资，发展世界领先的制造技术和能力。2014 年 12 月，国会两党已批准建立一个创新机构网络，截至预算报告提交，已有 9 家制造业创新机构正在建设当中。在此基础上，2016 财年预算案额外提供 35000 万美元的自由基金，资助商业部、农业部、国防部和能源部等 7 家新兴制造业创新机构，并在未来将进行持续资助。有了这 7 家新兴机构，在奥巴马总统任期末，国家创新网络已拥有至少 15 家创新机构，并在 10 年内达到所预期的全网络拥有 45 家创新机构的设想。该预算案还包括一个强制性的经费提案，即为余下的 29 家未开始建设的创新机构提供 19 亿美元的基金资助。可见，美国对于创新机构、创新人才、创新项目等在资金上的支持力度非常大。

2. 日本

日本也实施了很多创新发展计划，颁布了《科学技术基本法》，提出将"科学技术创造立国"作为基本国策，强调要重视基础理论和基础技术的研发，从而在将振兴科技上升为法律的同时，为日本科技发展指明了方向。为了达到这个目标，日本先后投入了 24 万亿日元作为经费保障。

3. 法国

2006 年，法国总统希拉克推出绿色化工（BIOHUB）、节能住宅（HOMES）、新型无人驾驶地铁列车（NEOVAL）、多媒体搜索引擎（QUAERO）、移动电视（TVMSL）和混合动力汽车（VHD）六项工业创新计划。通过工业创新，带动法国科技、经济的发展。可见，法国在推动科技、经济的发展方面，在创新计划中的投入较大。

三、科技创新是我国的发展战略

党的十八大明确提出"科技创新是提高社会生产力和综合国力的战略支撑，必须摆在国家发展全局的核心位置"，强调要坚持走中国特色自主创新道，实施创新驱动发展战略。党的十九大报告提出加快建设创新型国家，包括：要瞄准世界科技前沿，强化基础研究，实现前瞻性基础研究、引领性原创成果重大突破。加强国家创新体系建设，强化战略科技力量。倡导创新文化，强化知识产权创造、保护、运用等。

2016 年 5 月中共中央、国务院印发《国家创新驱动发展战略纲要》，《纲要》明确指出，创新发展战略目标分三步走。第一步，到 2020 年进入创新型国家行列，基本建成中国特色国家创新体系，有力支撑全面建成小康社会目标的实现。第二步，到 2030 年跻身创新型国家前列，发展驱动力实现根本转换，经济社会发展水平和国际竞争力大幅提升，为建成经济强国和共同富裕社会奠定坚实基础。第三步，到 2050 年建成世界科技创新强国，成为世界主要科学中心和创新高地，为我国建成富强、民主、文明、和谐的社会主义现代化国家，实现中华民族伟大复兴的中国梦提供强大支撑。

针对大学生的科技创新，国家也在政策、成果转化、课程、师资等方面都给予很大的支持。

1. 政策方面

国家大力支持大学生开展科技创新，各高校也出台了科技创新鼓励政策，特别是在资金支持与成果转化方面设立了专门的机构以及专职人员负责相应的工作。

2. 课程方面

在有条件的高校专门开设创新开发的相关课程，让学生能够对科技创新有一个系统的认识，引导大学生积极参与科技创新。

3. 师资方面

鼓励更多的教师参与到科技创新教育教学过程中来，让教师引导学生科技创新，提高创新的成功率。

4. 成果转化方面

把相关的企业纳入相关科技创新过程中来，这样不仅有利于提高科技创新的实用性，而且还能够加快科技创新市场化的过程。同时，鼓励高校积极与地方政府合作将科技创新与地方产业发展相结合，为大学生开展创新创业提供保证。

四、科技创新能提高大学生的综合能力

参与科技创新能够帮助大学生对科技创新体系的认识，增强其专业知识的储备与应用能力。

科技创新活动对大学生自身综合能力的提高起着重要的推动作用，科技创新往往与良好的专业基础、实验技能密不可分。科技创新以专业学习为前提，以专业理论水平为保证，学习方法以及良好的学习习惯都为科技创新的成功奠定基础。科技创新需要综合素质，需要多领域学科知识的支持，如果不拓展自己的知识面，科技创新将无从谈起。因此，科技创新对知识面的需要很广，在大学学习中应该调动学习的积极性，主动涉猎其他学科领域。

参与科技创新能够培养大学生的创新精神，有利于创新素质的提高，有利于创新人格的培养，有利于拔尖人才成长，有利于创新意识的普及，有利于实现技术和文化的全面创新。参与科技创新能够锻炼大学生的动手能力以及实践能力。"知识来源于实践，能力来源于实践，素质提高更需要实践。"大学生实践动手能力的培养已经成为当前我国高等教育亟待加强的重要任务之一。总之，参与科技创新有利于大学生的全面发展。

第六届大学生机械创新设计大赛一等奖作品,一台行走式组合机构,如图1-6所示。该作品利用曲柄摇杆、曲轴连杆、双摇杆的相互作用,实现作品的仿生功能。采用无线遥控,通过单片机编程,可实现10余组机械结构以及两种简易机械动作的演示。该作品提升了大学生的创新水平,锻炼了机械机构的设计与加工能力,锻炼了把自动控制与机械结构结合的能力。

图1-6　大学生机械创新设计作品——行走式组合机构

第二节　创新意识的培养

一、准确把握创新的本义

培养创新意识,前提在于对创新的真正理解和接受。《现代汉语词典》中这样解释:"创新:抛开旧的,创造新的。"由此可见,创新至少包含独创、更新和改变含义。独创即创造新的事物,想别人没有想到的,做别人没有做过的,独辟蹊径、善于发现;更新即除旧布新,勇于改革、摒弃不合时宜的陈旧方法,迎接新事物;改变即改换、更改,使事物变得和原来不一样,形成切合实际的新做法。因此,创新就是继承前人,又不因循守旧;借鉴别人,又有所独创;努力做到有新视角、新思路、新办法,体现时代性、把握规律性、富于创造性。

创新意识是指人们根据社会和个体生活发展的需要,产生创造前所未有的事物或观念的动机,并在创造活动中表现出的意向、愿望和设想。它是人们对创新与创新的价值性、重要性的一种认识水平、认识程度以及由此形成的对待创新的态度,并以这种态度来规范和调整自己的活动方向的一种稳定的精神态势;是人类意识活动中的一种积极的、富有成果性的表现形式;是人们进行创造活动的出发点和内在动力;是创造性思维和创造力的前提。

二、打破创新的神秘性

谈到创造发明、发现,人们可能会认为这是很神秘的事,以为创新发明是专家学者的专利品,一般人很难做到。实际上创造发明并不神秘,通过加强对创新性思维的训练,可以帮助大学生掌握必要的创新性技巧,增强自信心,积极投身于创新活动的实践,不断提高自身创新能力,普通大学生也能进行创新与发明。创新力是每个正常人都具有的能力,不是个别天才人物所独有的神秘之物。创新发明并非少数杰出人才的专利,人人都有创造力,人人都可以搞创新。

三、留心生活中身边的发明

只要留心观察，身边的小事也会激发创新灵感。1821 年的一天，美国一位名叫泰比达巴碧的家庭主妇，前往丈夫开办的水磨坊看工人们干活，她注意到不停转动的磨盘，由此而受到启发，想到如果把长条形锯片改为圆盘状，不就可以借助水力推动进行锯切吗？因此，她发明出了圆盘锯，成为电动圆盘锯的雏形。日本一名公司职员，一次看见有人用碎玻璃片刮木板上的油漆，当玻璃片刮钝了，那人就随手敲断一节，用没有用过的玻璃片接着刮，这位职员看在眼里，想在心头，忽有所悟，想到要是刀具钝了也如法炮制，将钝的部分折断丢弃，再用剩下的新刀刃，就不必复磨了，于是在薄薄的长刀片上预制了一道道刻痕，刀刃用钝了一段，就照废痕折除，继续用下一段刀刃，从而实现了自己的发明夙愿，发明了一种价格低廉又永保锋利的刀具。1877 年，爱迪生改进了早期由亚历山大·贝尔发明的电话机，并使之投入了实际使用，不久便开办了电话公司，爱迪生和贝尔两家敌对的公司在伦敦展开了激烈的竞争，而爱迪生在改良电话机的过程中，发现传话筒里的膜板，随话声而震动，于是他找了一根针，竖立在膜板上，用手轻轻按着上端，然后对膜板讲话，声音的快慢高低，能使短针相应产生不同变化的颤动，爱迪生受此启发画出草图让助手制作出机器，再经过多次改造，第一台留声机就诞生了。

由此可见，生活中常见的区区小事，看似与研究的课题风马牛不相及，相差十万八千里，但是却触发了发明者的灵感，成为他们求解问题所模仿的原型。所以，我们身边处处都有发明，只要留心生活中的小事，每件小事都可能成为发明的灵感。

第二章

我要学习

创新意识和创新能力是大学生综合素质的表现形式之一，它是以深厚的文化底蕴、高度综合化的知识和个性化的思维为基础的。创新意识的增强、创新能力的提高、创新作品的开发，都需要掌握一定的创新理论和创新方法。

本部分主要通过学习影响创新能力的因素、创新能力的开发、创新方法等来介绍创新活动需要掌握的理论。

第一节　影响创新能力的因素

中华儿女从古至今就具有创新能力。在古代，中国在机械传动领域的发明创新就有很多，绳索传动、链传动、齿轮传动等都已经广泛地应用在生活的方方面面了，比如木棉纺车、牛转绳轮凿井、记里鼓车、指南车以及天文仪中均应用了复杂的齿轮系。

创新力无时不有，创新力无处不在，创新力是与人类共存的。在人类发展的任何时期，人类都在不断地获取创新的成果。同时创新力也是无人不有的，换句话说，一个能从事劳动的人，在一定的条件下都能产生新的思想或行为，即进行创新。即使他的工作可能和发明并不相关，比如一位英国理发师阿克莱特发明了蒸汽纺纱机；显微镜的发明者列文虎克曾做过绸布店的售货员；就连大名鼎鼎的发明家爱迪生也曾经是一个报童。

影响创新能力的因素有很多，总体来说，可分为非智力因素和智力因素。一般认为智力因素包括注意力、记忆力、想象力、观察力、思维力和创造力等方面；而非智力因素则是相对于智力因素来说的，非智力因素是指与认识没有直接关系的情感、性格、兴趣、意志、需要、目标、动机、信念、抱负、世界观等方面。非智力因素，在人的成长过程中，有着不可忽视的重要作用。一个智力水平较高的人，如果他的非智力因素没有得到很好的发展，那么他往往就不会有太多的成就。相反，一个智力水平一般的人，如果他的非智力因素得到了很好的发展，就可能取得事业上的成功，做出较大的贡献。达尔文曾经说过这样一句话："我之所以能在科学上成功，最重要的就是我对科学的热爱，对长期探索的坚韧，对观察的搜索，加上对事业的勤奋。"从心理学上讲，感情、性格、兴趣、意志、信念、需要、抱负、目标、世界观等，是智力发展的内在因素。哲学上说，内因是事物发展的根据，外因通过内因起作用。所以，一个人的非智力因素得到良好的发展不但有助于智力因素的充分发展，还能够弥补其他方面的不足。

一、影响创新能力的非智力因素

1. 兴趣和好奇心

兴趣是人认识某种事物或从事某种活动的心理倾向，它是以认识和探索外界事物的需要为基础的，是推动人认识事物、探索真理的重要动机，是个性中具有决定性作用的因素。兴趣可以使人的感官、大脑处于最活跃的状态，使人能够最佳地接受教育信息，能够有效地诱发学习动机、激发求知欲，可以使人集中精力去获得知识，并创造性地完成当前的活动；也可以促使人深入钻研、创造性的工作和学习，所以说兴趣是推动人们去寻求知识的一种力量。

好奇心是个体遇到新奇事物或处在新的外界条件下所产生的注意、操作、提问的心理倾向，是一种对自己还不了解的周围事物能够自觉地集中注意力、想把它弄清楚的心理态度。一般都是通过"看一看、听一听"引起惊叹感，再通过"问一问"的方式把它的来龙去脉搞清楚。

好奇心是个体学习的内在动机之一。是个体寻求知识的动力，是创造性人才的重要特征，强烈的好奇心是从事创造性活动的人所具备的基本素质之一。如果对周围的一切都冷眼相看，无动于衷，这种人是不可能积极地去探索未知世界的，也不可能有发明创造。人们所说的才能，在很大程度上就是指一个人能够看到其他人所不曾看到的现象，能够理解或感受其他人所不曾理解或不曾感受到的特征，并把这一切传递给别人的本领。因此，可以认为：那种对奇特的、荒诞的事物感到惊讶的行为只是人类的一种本能的反应，只有对身边司空见惯的事物感到惊奇，才是某种才能的显露。奥古斯特·罗丹认为"所谓大师，就是这样的人，他们用自己的眼睛去看别人看过的东西，在别人司空见惯的东西上能够发现出美来"。进化论的创始人之一华莱士也曾说过，他在捕获到一只新蝴蝶后"心狂跳不止，热血冲到头部……"，这本来是一件非常平常的事，结果竟能使他兴奋到极点，这就是好奇心的作用，如果没有好奇心，他是不会有这种感受的。

要想训练和保持自己的好奇心，最有效的方法就是保持或恢复童心，因为咿呀学语的幼儿是最富有好奇心的，他们对世界上的一切都感到非常好奇，遇到问题总是爱寻根究底地问个不停。但随着年龄的增长，儿时的好奇心逐渐减弱，至成年后，由于琐事缠身，繁忙的工作和繁杂的家务应接不暇，对未知的东西就更加不感兴趣了。事实证明，始终保持着儿时强烈好奇心的人，往往能干出一番惊人的业绩，因此，立志想要干一番事业的人，都应该尽可能地摆脱各种繁杂事物的困扰，做到热情天真、寻根究底，这样就能保持或恢复儿时那种强烈的好奇心了。

要使自己具有好奇心，还应该养成爱问"为什么"的习惯。爱迪生从小就喜欢"打破砂锅问到底"，从"鸡为什么把蛋放在屁股底下，蛋也怕着凉"等问题一直追问到"把蛋放在屁股底下暖和暖和就能孵出小鸡吗"，追问到这种境界他依然还不满足，他竟然还亲自做了个窝，一本正经地蹲在上面孵小鸡。如果没有强烈的好奇心的驱使，爱迪生是不会有这样的举动的。除了爱迪生，瓦特也曾对水蒸气顶开壶盖这一日常现象问个没完，受到这种现象的启发，后来他创制出了当时世界上最先进的蒸汽机。这些例子就说明好奇心能促使人去发问；反之，爱提问题也是求知欲、好奇心的表现。有意识地训练自己多提问题必然有助于激发好奇心，增强好奇心。比尔·盖茨正是对计算机和软件开发有着强烈的兴趣，才促使他放弃大学学业，转去从事软件开发，因而只用了短短数年的时间就使微软成为世界上最大的公司，其发展速度之快已经成为知识经济的象征；我国青年发明家王贵海，在大学学习时对非圆齿轮的研究产生了极大的兴趣，经过几年的努力，终于攻克了非圆齿轮的设计和制造这一世界难题。

总之，兴趣和好奇心能激发求知欲，而求知欲能让人主动学习知识，进而发挥出创造能力。列文虎克在听说透过放大镜能把小东西看清楚，就产生出了强烈的好奇心，决定自己动手磨制镜片，终于，在1665年创制出了当时世界上最先进的显微镜。同样，由于强烈的好奇心的驱使，他用自制的显微镜发现了自然界中的"小人国"——微生物，为科学技术的发展作出了重大贡献。因此，在发明活动的整个过程中都应该使自己保持童年的好奇心，对自己未知的东西，不仅要看，而且要看仔细；不仅要听，而且要听真切；不仅要问，而且要问到底，这样才会有助于个人创造能力的发挥。

2. 进取心

进取心是指不满足于现状，坚持不懈地向新的目标追求的蓬勃向上的心理状态。进取心是极为可贵的，人类如果没有进取心，社会就会永远停留在一个水平上，正如鲁迅先生所说："不满是向上的车轮"。社会之所以能够不断发展进步，一个重要推动力量，就是我们拥有这只"向上的车轮"，即我们常说的进取之心。人类如果没有进取心，社会就不可能前进；一个人如果没有进取心，那他终生将会碌碌无为。因此，凡是事业取得较大成就者，都有较强烈的进取心。

要培养自己的进取心，首先要懂得这个道理：世界上的一切事物都充满着矛盾，旧的矛盾解决了，新的矛盾又会产生。人类改造世界的过程就是解决各种矛盾的过程，这个过程永远都不会终结。要培养自己的进取心，还要联系地、运动地看世界，如果把世界上的一切事物都看成孤立的、静止的、永恒不变的，甚至觉得它们已经尽善尽美了，那么必定会使人失去改造世界的能动性和进取心。

要增强进取心，必须要克服安于现状、墨守成规的处世观念。安于现状的人有两种，一种是对现状感到心满意足，压根就没有想到要去改变它；另一种是对自己所处的境遇觉得不称心，对旧情况感到某种不满足，对所用物品感到不顺手，对所见境况感到不理想，但他并不想去改变这一切，反而认为这都是既成事实，没必要煞费苦心去折腾一番，不如循规蹈矩，得过且过。这两种情况都是我们所谓的不思进取，这是思想上的一种保守倾向，这种保守思想会严重地阻碍发明创造，因此，要想增强自己的进取心，必须注意克服安于现状，不思进取的保守思想。

古往今来的一切发明家之所以能在各个不同的技术领域中一枝独秀，独占鳌头，都是因为他们具有强烈的进取心。"欲穷千里目，更上一层楼"，一切有志于发明创造的人，从小就应该注重培养自身最基本的素质——进取心。

3. 自信心

自信心是一种反映个体对自己是否有能力成功地完成某项活动的信任程度的心理特性，是一种积极、有效地表达自我价值、自我尊重、自我理解的意识特征和心理状态，也称为信心。自信心对于从事创造性劳动的人们尤为重要，常言道："信心是事业的立足点"。在发明创造这场攻坚战中，失去了自信心这块阵地，就意味着整个战线的崩溃，所以著名科学家居里夫人告诫人们："应该有恒心，尤其要有自信心！"。

要增强自信心首先必须克服自卑感。有自卑感的人最容易发现别人的长处，觉察自己的短处，并且还会用别人的长处来比自己的短处，越比越觉得自己这也不行，那也不行，就会越来越自卑，从而产生恶性循环。因此，增强自信心的第一步就是要学会用辩证的观点去看待别人，正确地认识自己，欣然地接纳自己。

增强自信心还应该正确地认识才能。应该相信已被现代科学证明了的一个论点：先天赋予人的才能一般都是公平合理的，人刚生下来时并没有太大的差异。这和鲁迅先生的一个观点一样：即使天才，在生下来的时候的第一声啼哭，也和平常的儿童一样，绝不会是一首好诗。所以，人的才能是后天的劳动实践培养出来的，正如华罗庚教授所说：勤能补拙是良训，一分辛苦一分才。

我国著名教育家陶行知先生曾说过："人类社会处处是创造之地，天天是创造之时，人人是创造之才"。所以，天生我才必有用，我辈岂是无为人，每个人都可以在发明创造的路上有所作为，在发明的征程上需要有高度的自信心，正确地认识自己。因为发明创造是在前人未曾涉足的领域上进行的，经常会有困难和挫折的风暴袭来，所以遇到困难要有坚韧不拔、坚持不懈的恒心，处在这种恶劣的环境中，最忠实、最可靠的伙伴就是自信心，只要拥有自信心，你就会拥有克服困难的勇气，因此任何准备搞发明的人，都不可忽视对自信心的培养，同时还要注意增强自信心。

4. 意志和勇气

意志是为了达到既定的目的而自觉努力、有计划地调节和支配自己行为的心理状态。坚强的意志不仅能使人执着地迷恋某种事物，而且能使人持久的从事某种活动。人们为了实现既定目标，在运用所掌握的知识、技能进行改造客观世界的实践活动时，总会遇到各种各样的困难，需要不断地克服困难，"科学有险阻，苦战能过关"，只有具有坚强的意志，方能取得科学的成功。意志是一种精神力量，可以让人精神饱满，百折不挠，为了达到理想境界坚持进行长期的艰苦斗争。诺贝尔为了发明安全的烈性炸药，进行了将近 20 年的实验，在实验中他的弟弟被炸死了，父亲被炸成重伤，但他并没有因此就被吓倒、退却，最终获得了成功；居里夫妇数年如一日，坚持不懈地进行着繁重的工作，一公斤一公斤地炼制铀沥青矿的残渣，在十分简陋的屋里，从数吨铀矿残余物中提炼出了只有几厘克纯镭的氯化物。如果没有坚持、坚持、再坚持的韧性和毅力，诺贝尔就不会发明炸药，居里夫妇就不会取得令人肃然起敬的成绩，他们的成功靠的就是坚韧不拔、持之以恒的意志。

勇气就是无所畏惧的非凡气概。搞发明创造一定要有勇气，因为任何发明创造者都是第一个吃螃蟹的人，任何发明创造都是走别人没有走过的路，这条路上总是布满荆棘和坎坷，没有勇气和冒险精神的人是不敢迈出第一步的。常言道，不破不立。破旧立新，勇气是关键，如果没有打破旧框架、旧体系的勇气，就很难有理论和实践的创造和发展。

首先，要敢于担当，塑造"敢想，敢闯，敢于创造，敢为天下先"的精神，冲破狭隘、大胆实践。

其次，要敢于质疑，质疑是创新的重要开端，常有所疑、勇于破疑，有疑惑才会去探索，有探索才会有发现和收获，这就是创新获得成功的关键。

再次，要敢于试错，试错是创新成功的法宝，是通往成功的前提。发明创造是一项开拓性的事业，失败总是不可避免的，所以要正确看待失败，善于总结失败的经验。发明家爱迪生为了找到实用的电灯灯丝材料，经历了无数次的实验，同样也经历了无数次的失败，他用了 6000 多种植物纤维，试验了 1600 多种耐热材料，终于发明制造出了碳化灯丝的白炽电灯；达尔文经过 5 年的环球考察之后，还用了 20 多年的时间才完成了巨著《物种起源》，揭开了生物进化之谜；美国发明家富尔顿为发明轮船奋斗了 9 年，待到制成的样船试航时，天公不作美，一场狂风暴雨使它沉没河底，他花了 24 小时才把机器打捞上来，然后又奋战了 4 个春秋最终成功发明了轮船；从前臂静脉插入一根导管直至心脏，在常人看来是不可思议的事情，然而，德国医学家福斯曼于 1925 年在自己的身上做了这项实验，发明了心脏急症新疗法——心导管诊断术，他在自体试验后写道："由于导管抖动，导管与锁骨静脉壁相互摩擦，这时我感到锁骨后方非常热……还有一种微弱的要咳嗽的冲动，为了在 X 线屏幕上观察导管的位置，我带着插到心脏内的导管，和护士从研究室的手术间徒步走了很长的路，爬上楼梯，到达 X 线检查室。实验证明，导管插入与拔出完全不痛，全身没有任何异样的感觉……"他进行了危险的自体试验，并得出了完全正确的结论，然而这一切招来的却是嘲讽和质疑，10 年后，他发明的心导管诊断法才被世人普遍接受。

这些实例说明，创新的路上布满了荆棘，充满了困难，你可能会遇到挫折，也可能会经历失败，任何一个创新发明都是经长期地探索才成功的，这不仅需要拥有坚韧不拔的毅力和意志，更需要不怕失败的勇气。因此，我们必须切实地增强忧患意识，在创新之前就做好攻坚克难的充分准备。另外，还要对创新发明中的失败有足够的包容，在创新过程中，失败不可避免，即使失败了我们也还要有继续奋斗的勇气。只有正确面对创新中的困难和失败，才可能突破自我，到达成功的彼岸。

5. 组织能力

组织能力是指开展组织工作的能力，即对杂乱的局面或事物进行妥善安排、合理调配的指挥运筹能力。随着科学技术的飞速发展，创新课题越来越复合化、综合化、复杂化，如何在纷繁复杂的信息中发现创新的信息，如何对所获得的信息进行整理和综合归纳，如何制订计划，如何实施计划，都需要具有较强的组织能力，既要合理安排人员，又要善于处理千头万绪的工作，运筹帷幄之中，决胜千里之外，站在一定的高度看问题，不断提高工作效率，以便能够在激烈的竞争中保持领先水平。

二、影响创新能力的智力因素

现代社会已经进入了知识经济时代，因此搞创造发明还必须具有一定的知识，知识是人类在实践中认识客观世界（包括人类自身）的成果，它包括事实、信息的描述或在教育和实践中获得的技能。知识是人类从各个途径中获得的经过提升总结与凝练的系统的认识，知识是进行创造发明的必要前提。智力因素属于知识范畴，所以是创造力充分发挥的必要条件，会影响个体对问题情境的感知、定义和再定义，还会影响选择解决问题的策略过程。

1. 想象力

想象力就是在记忆的基础上通过思维活动，把对客观事物的描述构成形象或独立构思出新形象的能力。简而言之，想象力是人的形象思维能力，是人在已有形象的基础上，在头脑中创造出新形象的能力。要打破惯性思维的束缚，经常进行发散性思维，甚至进行幻想，培养自己的想象力。

爱因斯坦认为："想象力比知识更重要，因为知识是有限的，而想象力概括着世界上的一切，推动着社会的进步，并且是知识进化的源泉。严格地说，想象力是科学研究中的实在因素"。爱因斯坦在创建相对论时，关于物体接近光速的试验，在实际上几乎是无法做出的。他在 16 岁时就常常思索"如果有人跟着光线跑并且企图抓住他，会发生什么""如果有人在一个自由下落的电梯里，会发生什么情形，将会产生什么呢"等问题，他根据已知的科学原理和事实，运用丰富的科学想象，在头脑中设计并完成了一系列思想实验。在 1905 年 26 岁的爱因斯坦提出了狭义相对论，接着在 1916 年创立了广义相对论。他通过想象和实验相结合的科学方法创立了具有划时代意义的相对论。

2. 洞察力

洞察力是指深入事物或问题的能力，是人通过表面现象精确判断出背后本质能力。具有这种能力的人可以透过现象看本质，善于抓住机遇，在别人不注意的事物中产生新的想法，发现新的东西。丹麦科学家、诺贝尔医学奖获得者芬森有一次到阳台乘凉，看见家猫在晒太阳，并且随着阳光的移动不断地调整自己的位置。这么热的天，猫为什么要晒太阳呢？一定有问题！带着浓厚的探究兴趣，他来到猫的面前观察，发现猫身上有一处化脓的伤口。他想难道阳光里有什么东西对猫的伤口有治疗作用？于是他就对阳光进行了深入的研究和试验，终于发现了人肉眼看不见的紫外线具有杀菌作用，从此紫外线就被广泛地应用在医疗工作中。在伦琴发现 X 射线、弗莱明发现青霉素之前，实际上已经有人发现了同样的现象，但是他们对这些现象缺乏好奇心和洞察力，没有进一步去研究，因而与这些新的发现失之交臂。在科技发展史上，这种与成功擦肩而过的事例数不胜数，这就充分说明了洞察力在创新中的重要作用。

洞察力的培养需要克服粗心大意、走马观花、不求甚解的不良习惯，通过长期的观察、记录、思考、再观察可以训练敏锐的洞察力。

3. 动手能力

创造力的最终成果是对创造性思维进行物化产生的成果，物化的过程就需要一定的技术，也需要掌握一定的技能。对工程技术人员来讲，是需要掌握使用设计工具进行设计、使用仪器设备进行检测试验的能力；对于画家来讲，是需要其具备色彩鉴别能力、视觉想象力；对从事音乐创作的人来说，具有一定的演奏技能、作曲技能等都是物化思维过程中不可缺少的能力。

动手能力包括制作、加工、试验和绘图等方面的技能。李政道博士曾经说过：动手能力是发明者所必须具备的基本素质。

爱迪生、法拉第等虽然没有到学校参加过正规的学习，但他们非常喜欢动手做实验，改装设计制作仪器设备。由于他们刻苦自学、勇于实践、具有很强的动手能力，法拉第才能发现电磁感应现象，爱迪生才能在一生中产生一千多项发明专利。因此，我们要注意培养动手绘制、制作、维护、修理、装配各种仪器、用具、设备的习惯，增强自己的动手能力。

4. 智能和知识因素

知识是创造性思维产生的基础，也是创造力发展的基础。文学家不掌握足够的词汇就写不出好的作品；对于工程技术人员来说，掌握一定的知识经验是发明创造的前提，其中学科基础知识、专业知识则是从事工程创造发明的必要条件。知识给创新思维提供了加工的信息，知识结构是综合新信息的奠基石。

5. 创新思维与创新技法

创新思维与创造活动和创造力都是紧密相关的。创新思维的外在表现就是人们经常说的创造力，创造力是指产生新思想，发现和创造新事物的能力，它是成功地完成某种创造性活动所必需的心理品质，是物化创新思维成果的能力，在一切创造活动领域都是必不可少的，是现代创造者创造能力的最重要因素。创造技法是根据创新思维的形式和特点，在创造实践中总结提炼出来的，创造技法的作用是使创造者在进行创造发明时有规律可循、有步骤可依、有技巧可用、有方法可行，因此，创新技法应该是构成创造力的重要因素之一。

上述因素对创造力的形成和发展都有重要的影响，在培养学生创新能力的教学中，首先应该开设有利于创新设计能力的培养和发展的相关课程，使学生拥有必需的知识结构，掌握基本的创造原理和常用的创新方法；其次应该以知识、能力、素质培养为目标，有意识地培养学生的创新精神和能力；此外，还应该开展各类创新实践活动，如开展维修、装配、制作、小发明、小革新等多种形式的创新实践，不断提高学生的创新技能。

第二节　创新能力的开发

创新能力是可以开发的，如果企业非常重视创新，那么企业将会焕发出无穷的力量，日本丰田公司是一个典型的例子。丰田公司成立于 1937 年，以生产轿车、卡车为主，是日本汽车制造业最大的垄断企业。创始人丰田提出了"好产品，好主意"的口号，一直都非常重视激励企业职工的积极性和创新性。公司推行"创新制度"后，职工提出的创新建议每年都在不断增加，公司先后一共采纳了员工提出的 38.6 万条建议，被采纳的比例高达 83%。丰田公司也由此成为全球汽车行业的巨头，而且成功地将汽车卖到了美国，还占据了非常大的市场份额。由此可见，创新能力开发非常重要。

一、培养创新精神

创新精神是指要具有能够综合运用已有的知识、信息、技能和方法，提出新方法、新观点的思维能力和进行发明创造、改革、革新的意志、信心、勇气和智慧。创新精神属于科学精神和科学思想范畴，是进行创新活动必须具备的一些心理特征，包括创新意识、创新兴趣、创新胆量、创新决心以及相关的思维活动。

创新精神是一个国家和民族发展的不竭动力，也是一个现代人应该具备的素质。创新精神是一种勇于抛弃旧思想和旧事物、创立新思想和新事物的精神。因此，创新精神提倡不要满足于已有认识，要不断追求新知；不要满足于现有的生活生产方式、方法、材料、工具和物品，要根据实际需要或者新的情况，不断地进行改革和革新；不要墨守成规，要敢于打破旧框架、旧思路，探索新规律、新方法；不要迷信书本和权威，要敢于根据事实和自己的思考，对书本和权威进行质疑；不要人云亦云，唯书唯上，要坚持独立思考，说自己的话，走自己的路；不要仅仅追求一般化，要追求新颖、独特，甚至追求异想天开、与众不同；做事不能僵化、呆板，要灵活地应用已有的知识和能力解决问题。

创新精神是科学精神的一个方面，在创新的同时也必须要以遵循客观规律为前提，只有当创新精神符合客观需要和客观规律时，才能顺利地转化为创新成果，成为促进自然和社会发展的动力。只有具有创新精神，我们才能在未来的发展中不断开辟出新的天地。

二、开发创新性思维

人最强大的力量不是来自肢体，而是人所特有的思维能力。思维是人脑对客观现实的反映，是发生在人脑中的信息交流。它不仅揭示了客观事物的本质或者内部联系，还可以使人脑机能产生新的信息和新的客观实体，如科学和自然规律的新发现、技术新成果等。思维是创造的源泉，正是因为人类有创新思维才产生了各种各样的发明创造，因此，只有对创新思维的本质、特点、形成过程以及与其他思维的关系有所认识和掌握，才能指导我们进行创新，增强创新能力。

（一）创新思维的特征

创新思维主要是指以新颖独创的方法解决问题的思维过程，要求突破常规思维的局限，以超常规甚至反常规的视角思考问题，提出与众不同的解决方案，从而产生独特的、具有良好社会意义的成果。创新思维的本质在于将创新意识的感性愿望提升到理性的探索上，实现创新活动由感性认识到理性思考的飞跃。很多人都知道，当灶里的火燃烧不旺时，只需要拿根铁棍拨弄一下，火苗就会从拨开的洞眼中窜出来，火一下子就会旺起来。山东有位叫王月山的炊事员就想到了做煤球球饼时，主动在上面均匀地戳几个洞，不仅火烧得旺，而且可以节省燃煤，大家熟悉的蜂窝煤就这样被发明出来了。

创新思维是人的一种高层次的思维活动，既具有一般思维的特点，又有不同于一般思维的特性，一般思维只能肤浅地、简单地揭示事物的表象以及事物之间常规性的活动轨迹，而创新思维不仅能揭示事物的本质和事物之间非常规性的活动轨迹，而且还能够提供新的、具有社会价值的产品。因此，创新思维是逻辑思维与非逻辑思维有机结合的产物，借助非逻辑思维开阔思路，产生新想法和新思路，然后通过逻辑思维对各种设想进行加工、整理，在此基础上产生创新成果。由此可知，创新思维具有以下特征。

1. 思维结果的新颖性和独特性

新颖性和独特性是指思维结果的首创性，它具备与前人、众人都不同的独特见解，思维的结果是以前不曾有过的。也可以说，是主体对知识、经验以及思维材料进行新颖的综合分析、抽象概括，以致达到了人类思维的高级形态，其思维结果包含着新的因素。例如，20世纪50年代在研究晶体管材料时，人们都只考虑到了将锗提纯的方法，但没有成功；而日本科学家在对锗多次提纯失败后，他们采用了求异探索法，不再追求提纯，而是一点一点地加入少量杂质，结果发现当纯度降为原来的一半时，会形成一种性能优越的电晶体，这项成果当时轰动了整个世界，并获得了诺贝尔奖。又如，灯的开关一直是机械式的，随着科学技术的发展，出现了触摸式、感应式、声控式开关等。光控式开关能在一定暗度下使路灯自动点亮，而在天亮时又自动关闭。红外线开关在进入室内时自动亮灯，并能够准确地做到"人走灯灭"。

2. 思维方法的多样性、灵活性和开放性

这是指对于客观事物或问题，拥有创新思维的人会表现出敢于突破思维定式，善于从不同的角度思考问题，能够提出多种解决方案；并且能根据条件的发展变化，迅速地改变先前的思维过程，找到解决问题的新途径。灵活性、开放性也包含跨越性的因果关系。例如，美国某公司的一位董事长有一次在郊外看到一群孩子在玩一个外形丑陋的昆虫，爱不释手，这位董事长当时就想，现在市面上销售的玩具一般都形象俊美，假如生产一些形状丑陋的玩具，结果会怎样呢？于是他安排自己的公司研发一套"丑陋玩具"，研发完成后这批"丑陋玩具"迅速推向市场，结果一炮打响，反响热烈，这些丑玩具深受孩子们的喜爱，非常畅销，给公司带来了巨大的经济效益。又如，苍蝇是人类讨厌的东西，可是科学家们的创新思维却跳出了这个死板的框框，通过对苍蝇与蛆的研究发现，这种人人痛恨的生物却包含着丰富的蛋白质，可以用来造福人类。这个实验将风马牛不相及的事连到了一起，正是思维跨越性的结果。跨越性是创新思维一个非常宝贵的特点，主要有两种思维形式：一是从思维的进程来说，它集中表现为省略思维步骤，加大思维前进的跨度，以此来创造奇迹；二是从思维条件的角度讲，它表现为能够跨越事物"可观度"的限制，迅速地完成"虚体"与"实体"之间的转化，加大思维的"转换跨度"。

3. 思维过程的潜意识自觉性

创新思维的产生，离不开紧张的思维和认真的努力，也需要为解决问题做好各种准备工作，但创新思维却往往出现在思维主体处于一种紧张之后的暂时放松状态的情况下，如散步、听音乐、睡觉中。这就说明创新思维具有潜意识的自觉性。因为人在积极思维时，信息在神经元之间的流动是按思考的方向进行有规律的流动，这时候不同神经细胞中的不同信息难以发生广泛的联系，而当主体思维放松时，信息在神经网络中进行无意识地流动、扩散，这时候思维范围比较开阔，思路比较活跃，多种思维、信息相互联系、相互影响，这就为问题的解决准备了更好的条件。

4. 思维过程中的顿悟性

常见的创造性思维方法有发散思维、收敛思维、直觉思维、灵感思维、反向思维、联想思维、想象思维及类比思维等。

创新思维是长期实践和思考活动的结果，经过反复地探索，思维运动发展到一定关节点时，要么由外界偶然机遇所引发，要么由大脑内部沉积的潜意识所触动，就会产生一种质的飞跃，如同一道划破天空的闪电，问题就会突然得到解决，这就是思维的顿悟性。美国在设计阿波罗登月飞船时，技术人员为了飞船的照明问题困惑了一年之久，因为在实验中发现灯泡的玻璃外壳在飞船着陆时总是被震碎。在经过多次的方案修改、材料实验失败之后，技术人员猛然想起，玻璃壳的作用是为了阻隔空气对灯丝的氧化，但是月球上根本就没有空气，所以根本就用不着玻璃外壳，困扰他们这么长时间的问题就这样迎刃而解了。那么在生活中要如何捕捉创新思维呢？创新思维是大脑皮层紧张的产物，是神经网络之间的一种突然闪过的信息场，信息在新的神经回路中流动，产生出一种新的思路。这种状态会受到大脑机理的限制，维持的时间不可能很长，所以创新思维往往是突然而至又瞬间离去的，如果不立刻用笔记下来，抓紧时间让它物化，等思维"温度"一旦降低，连接线就断了，那么创新思维就很难再找回来了。郑板桥对此深有体会，他说："偶然得句，未及写出，旋又失去，虽百思不能续也"。一生有一千多项发明创造的爱迪生，从小就有个习惯，那就是把各种闪过脑际的想法统统都记下来。这是一条重要的经验：先记下来再说，无论是睡觉还是休闲，心记不如笔记，想要抓住创新思维，请一定要记住爱迪生的经验。

（二）创新思维的形成过程

创新思维的形成过程，首先是发现问题、提出问题，这样才能使思维具有方向性和动力源。发现一个好的问题，能让人的思维更有意义和价值。爱因斯坦说过："提出一个问题往往比解决一个问题更重要，因为解决一个问题也许仅是一个科学上的实验技能而已，而提出新问题、新的可能性以及从新的角度看旧的问题，却需要创新性的想象力，而且标志着科学的真正进步"。科学发现始于问题，而问题则是由怀疑产生的，因此，产生疑问、提出问题是创新思维的开端，也是激发出创新思维的方法，其主要内容有：问原因，每看到一种现象，都可以问一问产生这些现象的原因是什么；问结果，在思考问题时，都要想一想：这么做，会产生什么结果；问规律，对事物的因果关系、事物之间的联系要勇于提出疑问；问发展变化，设想某一情况发生后，事物的发展前景或趋势会怎样。

在问题已存在的前提下，基于脑细胞具有信息接受、存储、加工、输出四大功能，创新思维的形成过程大致可分为以下三个阶段。

1. 储存准备阶段

在准备阶段，需要明确你要解决的问题，围绕问题广泛收集信息，使问题和信息在脑细胞及神经网络中留下印记。大脑的信息存储和积累是诱发创新思维的先决条件，存储得越多，诱发得也越多。在这个阶段，创新主体已经明确了要解决的问题，已经开始收集资料信息，并且试图使收集到的信息概括化和系统化，形成自己的认识，了解问题的性质，澄清疑难的关键等，同时也开始尝试和寻找解决方案。任何一项创新和发明都必须要有一个准备过程，只是时间长短不一而已。收集的信息可以包括教科书、研究论文、期刊、技术报告、专利和商业目录等，查访一些与问题有关的网站，与不同领域的专家进行周密的讨论，有时也会有助于资料收集。爱迪生为了发明电灯，收集的相关资料写了 200 多本，高达 4 万页之多。爱因斯坦青年时，就一直在冥思苦想这样一个悖论问题：如果我以 C 速（真空中的光速）追随一条光线，那么我应当看到这样一条光线，就好像一个在空间里振荡着而停滞不前的电磁场。他思考这个问题长达十年之久，当他想到"时间是可疑的"这个概念时，他忽然觉得始终萦绕脑际的问题终于得到了解决。这时他只用了 5 周的时间，就完成了举世闻名的"相对论"。相对论的研究专题报告虽然在几周的时间内就完成了，可是从开始想这个问题开始，直至全部理论的完成，其中就有十多年的准备工作。因此，创新思维是艰苦劳动、厚积薄发的奖赏，也刚好印证了"长期积累，偶然得之"这句名言。

2. 悬想加工阶段

在围绕问题进行积极探讨时，神秘而又神奇的大脑持续不断地对神经网络中的递质、突触、受体进行能量积累，为产生新的信息而运作。这个阶段，人脑能总体上根据感觉、知觉、表象提供的信息，超越动物大脑只停留在反映事物的表面现象及外部联系的局限，能够认识事物的本质，使大脑神经网络的综合、创新能力有超前力量和自觉性，使它能以自己特殊的神经网络结构和能量等级把大脑皮层的各种感觉区、感觉联系区、运动区都作为低层次的构成要素，使大脑神经网络成为受控的、有目的自觉活动。在准备之后，一种研究的进行或一个问题的解决，往往不是一蹴而就的，而是需要经过反复的探索和尝试。如果工作的效率仍然不高，或问题解决的关键仍然没有获得线索，或所拟定的假设仍然没有得到验证，在这种情况下，研究者不得不把它搁置下来，或对它暂缓考虑，进入一种放松状态，这种没有获得要领，问题暂缓进行的时期，称之为酝酿阶段，这一阶段的最大特点是潜意识的参与。对创新主体来说，这段时期需要解决的问题被搁置起来，主体并没有做什么有意识的工作。由于问题是暂时被搁置，而大脑神经细胞在潜意识的指导下则继续朝最佳目标进行思考，因而这一阶段也常常叫作探索解决问题的潜伏期、孕育阶段。

3. 顿悟阶段

这一阶段称为真正创造阶段。经过充分酝酿和长时间思考后，思维进入了一种豁然开朗的境地，从而使问题突然得到了解决，这种现象心理学上称为灵感。没有苦苦的长期思考，灵感绝不会轻易到来。进入这一阶段以后，问题的解决就好像"山重水复疑无路，柳暗花明又一村"，一下子就变得豁然开朗了。创新主体突然间被特定情景下的某一特定启发唤醒，创造性的新意识猛然出现，以前的困扰顿时一一被化解，问题在这一阶段中就会被顺利解决，理论解决的要点、解决问题的方法会在无意中忽然涌现出来，并且会使研究的理论核心或问题的关键明朗化，因为当一个人的意识在休息时，他的潜意识会继续努力地深入思考。这一阶段是创新思维的重要阶段，被称为"直觉的跃进""思想上的光芒"，这一阶段客观上是因为重要信息的启发、艰苦不懈的探索；主观上是因为在酝酿阶段，研究者并不是将工作完全抛弃，置之身外，只是没有全身投入思考，这种状态下会使无意识思维处于积极活动状态，思维不像专注思索时那样完全按照特定方向运行，而是范围扩大，多神经元之间的范围扩散，多种信息相互联系并相互影响，从而为问题的解决提供了良好的条件。

例如，渐开线环形齿球齿轮机构的发明就是一个典型事例，20 世纪 90 年代初期，我国的一个科研工作者在研究国外引进的一种机器人的柔性手腕时，发现这种手腕机构中采用了一种离齿球冠齿轮，仔细分析后发现，这种球齿轮存在两大缺陷，即传动原理误差和加工制造困难，因而只能用在对误差不敏感的喷漆机器人上。能否发明一种新机构来克服这两大缺陷？为此他陷入了苦思冥想，苦苦思索了近一个月，白天黑夜里脑海里想的都是新型球齿轮，几乎到了一种痴迷的境界，但是也没有取得任何实质性的突破。1991 年 10 月 2 日，这一天是一个值得纪念的日子，大约在凌晨 3 点钟，在迷迷糊糊，半睡半醒的状态下，他的大脑中突然冒出了一个新想法：将一个薄片直齿轮旋转 180° 不就得到了一种新型球齿轮吗？惊喜中，他立刻翻身起床，拿出绘图工具，通宵完成了新型球齿轮的结构设计工作，第二天就立即送到工厂加工。试验结果验证了这一灵感的正确性，于是一种首创的新开线环形齿新型球齿轮就这样产生了。

（三）创新思维的发展过程

虽然每个人都有创新思维的生理机能，但一般人的这种思维能力经常是处于休眠状态的。生活中经常可以看到这样一种现象：在相似的主客观条件下，一部分人积极进取，勤奋创造，成果累累；一部分人惰性十足，碌碌无为。业精于勤，荒于嬉；行成于思，毁于随。创造的欲望和冲动是促使人进行创新活动的动因，创新思维则是创造中攻城略地的利器，两者都需要有意识地培养和训练，也需要营造适当的外部环境刺激予以激发。

1. 潜创造思维的培养

潜创造思维的基础是知识，人的知识来源于教育和社会实践。由于受教育的程度不同，社会实践经验也不同，所以人的文化知识、实践经验知识存在很大差异，即人的知识深度、广度不同，但人人都有知识，只是知识结构不同而已，也就是说，人人都有潜创造力。普通知识是创新的必要条件，可以帮助人开拓思维的视野，扩展联想的范围。专门知识是创新的充分条件，专门知识与想象力相结合，是通向成功的桥梁。潜创造思维的培养过程就是知识的逐渐积累的过程，知识越多，潜创造思维活动就越活跃，所以学习的过程就是潜创造思维的培养过程。

2. 创新涌动力的培养

人人都有潜创造力，但存在于人类自身的潜创造力只有在一定的条件下才能释放出能量，这种条件可能来源于社会因素，也可能来源于自我因素。社会因素包括工作环境中的外部或内部压力；自我因素主要是强烈的事业心，二者的有机结合，就构成了创新的涌动力，所以，塑造良好的工作环境和培养强烈的事业心是激发创新涌动力的最好保证。

（四）创新思维的开发

1. 发散思维

发散思维又称辐射思维、放射思维、扩散思维或求异思维，是指大脑在思维时呈现的一种扩散状态的思维模式，它表现为思维视野广阔，思维呈现出多维发散状。发散思维是在思维的过程中，以某一问题为中心，沿着不同的方向、角度向外扩散的一种思维方式，如"一题多解""一事多写""一物多用"等方式。善于运用发散思维的人在解决问题或进行设计制造时会以某种方法为扩散点，突破原有的思想，设想出利用该方法的各种可能性，通过知识和方法的组合，找出更多的解决方案。

对一个优秀的发明者，他会考虑这个发明是否可以有其他更多的用途，是否可以制作更多类型的作品，是否可以设计新的装置，开创一个新的技术种类，一项项新的系列化产品，一片片新的应用领域。为了提高发散思维的能力，可以从以下 7 个方面进行发散。

（1）材料发散

即以某实物作为发散点，发散出不同的用途。比如电吹风，除了吹头发外，还可以吹衣物、治疗肩周炎，治疗颈椎痛、治疗感冒、治脚汗等。

（2）结构发散

即以某事物的结构为发散点，设想出具有该结构的用途或事物。槽轮结构除了转塔车床上的刀具转位机构应用外，它还可以用在电影放映机中用以间歇移动胶片（图2-1），还可以用在灌装多工位自动机上。

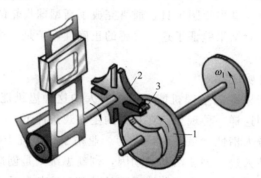

图2-1　电影放映机中槽轮的应用
1—缺口圆盘；2—槽轮；3—圆柱销

（3）功能发散

即以某事物的功能为发散点，想象实现该功能的途径，例如怎样实现房门的防盗功能，怎样让残疾人自由出行等。

（4）组合发散

即以某事物为发散点，尽可能多地设想该事物与其他事物组合成为具有新价值的事物的可能性，比如曲柄连杆机构和风扇组合成自然风风扇。

（5）因果发散

即以某事物的起因为发散点推测其可能产生的结果，或以某事物发展的结果为发散点，推测产生该结果的原因。如采用新型的结构，会造成什么样的结果。

（6）形态发散

即以事物的形态（如外观、颜色、形状等）为发散点，设想出利用该形态的可能性。如iPhone 5及后续产品的金色外壳就是应用了颜色发散，最终让产品大卖。

（7）方法发散

即以某种方法为发散点，设想出该方法的其他多种用途。比如爆炸除了可以拆除建筑、桥梁用，还可以应用在采石、封头成型、恐怖物品销毁等。

2. 收敛思维

收敛思维又成为"聚合思维""求同思维""辐集思维"或"集中思维"，它是使思维始终集中于同一方向，使思维条理化、简明化、逻辑化、规律化。收敛思维是相对于发散思维而言的，它与发散思维的特点正好相反，是以某个思考对象为中心，尽可能运用已有的经验和知识，将各种信息重新组织和整合，从不同的方面和角度，将思维集中指向这个中心点，从而达到解决问题的目的。例如高尔基童年在食品店干杂活的时候曾经碰到过一位刁钻的顾客，"订九块蛋糕，但要装在四个盒子里，而且每个盒子里至少要装三块蛋糕"。高尔基的办法是：先将九个蛋糕分装在三个盒子里，每盒三块；然后再把这三个盒子一起装在一个大盒子里，用包装袋扎好。这个例子就是换一个角度，应用多加一个盒子解决每个盒子至少三块蛋糕的问题。

3. 直觉思维

直觉思维是指人在现有知识、经验的基础上，凭感觉直观地把握事物的本质和规律，迅速解决问题或对问题做出某种猜想或判断的思维活动，也称为非逻辑思维，它是一种没有完整的分析过程与逻辑程序，依靠灵感或顿悟迅速理解并做出判断和结论的思维，直觉思维是一种直接的领悟性的思维，具有直接性、敏捷性、简缩性、跳跃性等特点。直觉往往是先从总体上把握问题，从问题的已知的信息入手，不会机械地按部就班地进行逻辑推理，而是一下子就从起点跳到终点，直接触及问题的要害。如发明家英国工程师罗伯特·怀特黑德在1866年成功地研制出了第一枚鱼雷，因其能像鱼一样在水里游，所以称之为"鱼雷"，可以说鱼雷的发明就是直觉思维的杰作。

4. 灵感思维

灵感思维是指人们在科学研究、科学创造、产品开发或问题解决过程中突然涌现、瞬息即逝，使问题得到解决的思维过程。灵感思维是知识、信息等要素经过大脑潜意识思维激活后，瞬间产生出目标所需的答案信息，并由潜意识向显意识闪电式飞跃的高能创新思维，具有偶然性、突发性、创造性等特点。日本著名创造学家是这样讲述他发明吸油泵的经过的：1942年，他正在旧制的麻布中学读二年级，发明的目的是为了孝敬他的母亲，向她表示他的爱和孝心。在冬季一个冰冷的早晨，他看见母亲在厨房里，双手抱着一个巨大的1800毫升的玻璃酱油瓶，她向桌上的小瓶子里倒酱油。看到母亲艰苦的倒酱油的情景，触发灵感使他决定要创造自动吸油泵，后来自来水笔的墨水吸管又触发灵感使他找到了解决问题的方法。

5. 逆向思维

逆向思维也叫求异思维，它是对司空见惯的似乎已成定论的事物或观点反过来思考的一种思维方式。敢于"反其道而思之"，让思维向对立面的方向发展，从问题的相反面深入地进行探索，树立新思想，创立新形象。所谓逆向思维，通俗地讲，就是倒过来想问题。在机械结构中，曲柄连杆机构常常是将旋转运动转化为直线往复运动，汽油发动机中的曲柄连杆机构则正好相反，是将汽油充分燃烧产生的推力（直线运动）转化为汽车前进的动力（旋转运动）。

6. 联想思维

联想思维是指人脑记忆表象系统中，由于某种诱因导致不同表象之间发生联系的一种没有固定思维方向的自由思维活动，主要思维形式包括幻想、空想、玄想。其中，幻想，尤其是科学幻想，在人们的创造活动中具有重要的作用。例如某人发现屎壳郎能推动重量比自己大十几倍的重物，却拉不动比自己轻的物体，于是发明了"屎壳郎耕作机"，犁耕工作部位前置，单履行走。

7. 想象思维

想象思维是人体大脑通过形象化的概括作用，对脑内已有的记忆表象进行加工、改造或重组的思维活动。想象思维可以说是形象思维的具体化，是人脑借助表象进行加工操作的最主要形式，是人类进行创新及其活动的重要的思维形式。想象思维分为无意想象、有意想象、创造想象、幻想想象等。爱因斯坦曾说过人的"想象力比知识更重要，因为知识是有限的，而想象则概括了世界上的一切。"在无数的发明创造中，都可以看到想象思维的主导作用。

8. 类比思维

类比思维是根据两个具有相同或相似特征的事物间的对比，从某一事物的某些已知特征去推测另一事物的相应特征存在的思维活动。类比思维是从两个对象之间在某些方面的相似关系中受到启发，从而使问题得到解决的一种创造性思维。

发明创造中的类比思维，不受通常的推理模式的束缚，具有很大灵活性和多样性。在发明创造活动中常见的形式有：形式类比、功能类比和幻想类比等多种类型。

形式类比包括形象特征、结构特征和运动特征等几个方面的类比。不论哪个形式都依赖于创造目标与某一装置或客体在某些方面的相似关系，如飞机与鸟类、飞机与蜻蜓。由鸟的飞行运动制成了飞机；飞机高速飞行时机翼产生强烈振动，有人根据蜻蜓羽翅的减振结构设计了飞机的减振装置；天津一个学生根据小狗爬楼的运动方式创作了狗爬式上楼车，这些都是类比的结果。

功能类比是根据人们的某种愿望或需要类比某种自然物或人工物的功能，提出创造具有近似功能的新装置的发明方案，这种方法特别在仿生学研究上有广泛应用，例如各种机械手、鳄鱼夹等。

当然，一项成功的发明也可以是以上多种类比的综合，如各种机器人的出现绝非是一种单纯的创造性思维所能奏效的。

三、不断拓展知识领域

知识就是力量，只有掌握足够的知识才有能量做出更多的创新，掌握知识的类型越多样化，产生创造力的潜能也就越大。这就要求创新者需要持续拓展自己的知识面，尽可能多地掌握其他学科的理论和知识，多了解一些自己过去知之甚少的领域，从中获得灵感，提出新的设想，以提高自身的创新能力。

选择决定命运，认知决定选择。在离开学校以前，每个同学都应该清楚地意识到，世界很大，变化很快。一个人在大学里学到的知识，绝对不足以帮助他建立一个广阔的视野，必须养成随时随地跨界学习的习惯，不断探索那些与自己的专业貌似无关的知识。当然在学校能够学到更多专业知识，以机械专业为例，过去的机械相对简单，现在自动化程度越来越高，机械-电气-液压-气压-控制一体化，往往还需要学生了解除自身领域之外的知识和技能。所以应该不断丰富知识领域，做一个复合型创新人才。

四、永远保持好奇心

当我们还是一个孩子的时候，会对周围所有的事情都感觉到好奇：为什么海水的味道又苦又咸？为什么狗在天气热的时候喜欢伸舌头？为什么长颈鹿的脖子会那么长？为什么萤火虫会发光？为什么树干都是圆的？这些源源不断的好奇促使着我们在成长的过程中不断去探索、不断去学习。然而，事实上，好奇心并不应该是孩子特有的，成年人更应该保持好奇心。好奇心是对未知事物积极探求的一种心理倾向，当我们对某件事物的全部或部分属性的认知较为空白时，如果你充满好奇心，那么就会促使你不断地去学习和探索。

弗朗西斯·培根说"知识是一种快乐，而好奇则是知识的萌芽。"爱因斯坦说"我没有特别的天才，只有强烈的好奇心。永远保持好奇心的人是永远进步的人。"当我们对某个物体或者某件事情觉得好奇的时候，才会想方设法去了解、去探索，希望可以得到满足自己好奇心的答案，所以说好奇心是创新的动力。

瓦特因好奇蒸汽托动壶盖发明了蒸汽机，蒸汽机的发明引发了第一次工业革命，所以好奇心非常重要，可以说好奇心是发明创新的动力，所以拥有好奇心也是难能可贵的。美国大发明家爱迪生在很小的时候便是一个想象力奇特，对待事物总是想着"为什么"的人，比如他总是想着"母鸡为什么可以孵出小鸡""鸟为什么能飞到天空去"等问题。这些在常人看来的自然现象在他的眼里，却是一个个美妙又神奇而的大问号。所以他不断追求，努力探索，在那些未知的科学领域利用他充满热情的好奇心去发现问题并解决问题。

五、培养对问题的敏感性

问题的敏感性是指对事物缺陷或知识空白的敏感。比如随着人们越来越重视空气质量，传统的空气净化器需要适时地更换滤网，但较大的维护成本让许多家庭犹豫，而格力大松的零耗材空气净化器则有效地解决了滤网重复利用的问题。所以创新始于问题，在创新过程中，发现问题有时比解决问题更重要，有时能发现问题就意味着问题解决了一半。在发明创造的过程中不可能一蹴而就，所以保持一颗对问题具有敏感性的心非常重要。

许多精明的企业家都是在想尽办法嗅出用户的需求和变化，不断地提高对产品和企业的要求，积极地"制造"问题。海尔集团总裁张瑞敏先生在接受记者采访时说过这样一句话："我每次去现场转一圈，如果我没发现问题，就说明我有问题，说明我的要求太低了"。这既是张瑞敏先生的经营理念和问题意识，也是海尔取得成功的原因之一。要提高发现问题和解决问题的能力，就需要培养和提高企业领导人和员工的问题意识。所谓问题意识，就是发现问题和解决问题的愿望、对问题的敏感程度、对问题的责任感、对问题的识别能力。发现问题和解决问题的愿望及对问题的敏感性越强，问题意识也就越强。实际上质量意识、成本意识、市场意识、创新意识等都是问题意识不同的具体表现形式。

六、创新能力的训练

创新能力的训练，可以在寓言中想问题、在故事中找原理、在游戏中找方法、在自测题中找差距，不断提升自己的创新能力。中央电视台科教频道《我爱发明》栏目就是很好的发明类节目，节目中以一个或多个的发明作为一集，详细介绍了发明的用途、结构、效果展示和评价等。通过创新课程的训练，创新的各方面能力都得到了锻炼，有利于提高创新能力。训练创新思维，不仅要开发创新思维，更重要的是要以实际任务，进行发明创造，最好的训练就是亲力亲为，做出产品。

所以只要你对学习生活的充满好奇心、有创新的精神和创新的思维方法、有对问题的敏感性，不断拓展知识领域，加上适当的训练，你一定可以取得创新的成果。

第三节 创 新 方 法

创新方法就是创造学家根据创造性思维发展规律和大量成功的创造与创新的实例总结出来的一些原理、技巧和方法。

合理应用创新方法，可直接产生创造、创新的成果，同时也可启发人的创新思维，以提高人们的创造力、创新能力和创造、创新成果的实现率。

创新方法有设问法、组合技法、逆向转换法、列举法、联想类比法等多种方法。

一、设问法

发明、创造、创新的关键是能够发现问题，提出问题。设问法就是对任何事物都多问几个为什么，提出一个好的问题，等于成功的一半。

设问法就是通过多角度提出问题，从问题中寻找思路，进而做出选择并深入开发创造性设想的一类技法。设问技法实质上就是提供了一张提问的单子，针对所需解决的问题，逐项对照检查，以期从各个角度较为系统周密地进行思考，探求较好的创新方案。主要的设问法有：6W2H法、奥斯本检核表法、和田十二法。

1. 6W2H 法

6W2H法是由我国著名的教育学家陶行知先生提出的，他把这种提问模式叫作教人聪明的"八大贤人"——我有几位好朋友，曾把万事指导我，你若想问真姓名，名字不同都姓何：何事、何故、何人、何如、何时、何地、何去，还有一个西洋名，姓名颠倒叫几何。若向八贤常请教，虽是笨人不会错。

6W2H法其实是在美国陆军部提出的5W1H法基础上发展起来的，通过连续提六个问题，构成设想方案的制约条件，设法满足这些条件，便可获得解决问题或者（创新）的方案。6W是指 why（为什么）、what（做什么）、where（何地）、who（何人）、when（何时）、which（选择），2H指 how（怎样）、how much（多少）。

我们可以通过6W2H设问法来找到某商店改变生意清淡的方法，如表2-1所示。

表 2-1　6W2H 设问法

序号	设问模式	设　问	制约条件	创新方案
1	为什么（why）	此处设这个店行不行	有需求	应保留
2	做什么（what）	批发零售？百货专营？维修服务搞不搞？	本处适合零售	零售为主增加服务项目
3	何地（where）	店设何处？离车站近？离居民区也近？	为旅客服务	增加旅客上车前后所需商品
4	何时（when）	何时购物？旅客寄存行李后	无处寄存	办理托运，特别是晚上
5	何人（who）	谁是顾客？旅客？居民？	未把旅客当作主要顾客	增加为旅客服务项目
6	选择（which）	综合以上5个设问，挑选合适的方案	—	—
7	怎样（how）	怎样招来更多旅客？	此店不醒目	增设路标购物指示牌
8	多少（how much）	改进需多少投入？能得多少效益？	本店有投资能力	装修扩大需 1.5 万，预计增长 20%

2. 奥斯本核检表法

奥斯本核检表法是奥斯本提出来的一种创造方法，即根据需要解决的问题，或创造的对象列出有关问题，一个一个地核对、讨论，从中找到解决问题的方法或创造的设想。

奥斯本核检表法九问为：

（1）能否他用

现有的事物有无他用；

保持不变能否扩大用途；

稍加改变有无其他用途。

（2）能否借用

现有的事物能否借用别的经验；

能否模仿别的东西；

过去有无类似的发明创造创新；

现有成果能否引入其他创新性设想。

（3）能否改变

现有事物能否做些改变？如：意义、颜色、声音、味道、式样、花色、品种；

改变后效果如何。

（4）能否扩大

现有事物可否扩大应用范围；

能否增加使用功能；

能否添加零部件；

能否扩大或增加高度、强度、寿命、价值。

（5）能否缩小

现有事物能否减少、缩小或省略某些部分；

能否浓缩化；

能否微型化；

能否短点、轻点、压缩、分割、简略。

（6）能否代用

现有事物能否用其他材料、元件；

能否用其他原理、方法、工艺；

能否用其他结构、动力、设备。

（7）能否调整

能否调整已知布局；

能否调整既定程序；

能否调整日程计划；

能否调整规格；

能否调整因果关系。

（8）能否颠倒

能否从相反方向考虑；

作用能否颠倒；

位置（上下、正反）能否颠倒。

（9）能否组合

现有事物能否组合；

能否原理组合、方案组合、功能组合；

能否形状组合、材料组合、部件组合。

我们可以通过玻璃杯的改进核表列问来学习奥斯本核检表法，见表2-2。

表 2-2　玻璃杯的改进核表列问

序号	设问	解 决 方 法	创 造 结 果
1	能否他用	作灯罩、可食用、当量具、作装饰、拔火罐、作圆规	装饰品
2	能否借用	自热杯、磁疗杯、保温杯、电热杯、音乐杯、防爆杯	自热磁疗杯
3	能否改变	塔形杯、动物杯、防溢杯、自洁杯、密码杯、幻影杯	自洁幻影杯
4	能否扩大	不倒杯、防碎杯、消防杯、过滤杯、多层杯	多层杯
5	能否缩小	微型杯、超薄杯、可伸缩杯、扁形杯、勺形杯	伸缩杯
6	能否代用	纸杯、一次性杯、竹木制杯、可食质杯、塑料杯	可食质杯
7	能否调整	系列装饰杯、系列高脚杯、系列口杯、酒杯、咖啡杯	系列高脚杯
8	能否颠倒	透明不透明、彩色非彩色、雕花非雕花、有嘴无嘴	不透明雕花杯
9	能否组合	与温度计组合、与香料组合、与中草药组合、与加热器组合	与中草药组合杯

3. 和田十二法

和田十二法，又叫"和田创新法则"（和田创新十二法），即指人们在观察、认识一个事物时，可以考虑是否可以。和田十二法是我国学者许立言、张福奎在奥斯本核检表基础上，借用其基本原理，加以创造而提出的一种思维技法。它既是对奥斯本稽核问题表法的一种继承，又是一种大胆的创新。

这 12 种方法如下。

（1）联一联

把某件事情的起因和结果结合起来思考问题来达到你想达到的目的。我们通过表 2-3 "联一联"案例可以思考：某件事情的结果跟它的起因有什么联系？能从中找到解决问题的办法吗？把两样或几样事物联系起来，会发现什么规律？把几样东西联在一起，或几件事情联系起来，能帮助我们解决什么问题？

表 2-3　"联一联"案例

目的	现象	联想和判断	解决问题或达到目的
郑成功要挖井找水	副将被蚂蚁咬了一口	蚂蚁也要喝水，蚂蚁窝边一定会有水	寻着蚂蚁的足迹找到蚂蚁窝，然后打井，挖到 5m，井底冒出清泉
某科学家要发明专治艾滋病的新药	3 亿年前的蟑螂与现在的蟑螂很相似	蟑螂体内必有一种物质，使蟑螂有顽强的生命力	在蟑螂的体内提炼出上千种物质一一检验，终于成功开发出一种很有疗效的新药

（2）扩一扩

把某件事情的起因和结果结合起来思考问题来达到你想达到的目的。通过表 2-4 "扩一扩"案例可以思考：这样东西如果放大、扩展（声音扩大、面积扩大、距离扩大……），它的功能与用途会有哪些变化？这件物品除了大家熟知的用途外，还可以扩展出哪些用途？

表 2-4　"扩一扩"案例

一件东西	扩展了什么	变成新的东西	有了新的功能
围棋	棋盘、棋子	挂式围棋	供大场面讲解使用
电视机	屏幕扩大	大屏幕电视机	观赏视觉效果更好
小卡车	整体扩大	大卡车	载重更多
雨伞	伞面扩大	恋人伞、双人伞	可以两人同时使用

（3）缩一缩

把某件东西压缩、折叠、缩小来达到你想要达到的目的。我们通过表2-5"缩一缩"案例可以思考：把某件东西压缩、折叠、缩小，它的功能、用途会发生什么变化？

表 2-5 "缩一缩"案例

一件东西	缩小了什么	变成新的东西	有了新的功能
一般饼干	体积	压缩饼干	携带方便
风景区	景区	微缩风景区	世界著名景区集于一处
传统电池	体积	纽扣电池、细菌电池	可以使用在很小的用品内
热水瓶	体积	保温杯	携带方便
大量书籍	信息占用空间	光盘	节省空间、携带方便

（4）加一加

在这件东西上添加些什么或把这件东西跟其他东西组合在一起来达到你想达到的目的。我们通过表2-6"加一加"案例可以思考：在这件东西上添加些什么或把这件东西跟其他东西组合在一起，行不行？加一加后会变成什么新东西？这新东西有什么新的功能？

表 2-6 "加一加"案例

一件东西	添加些什么	变成新的东西	有了新的功能
铅笔	橡皮	带橡皮头铅笔	铅笔有了擦改的功能
电话	录音机	录音电话	电话有了录音功能
收音机	录音机、CD	多功能收录机	有了录音及听磁带、CD片的功能
衣服	裙子	连衣裙	衣服与裙子合而为一

（5）仿一仿

根据某些事物的形状、结构或学习它的某些原理、方法来达到你想达到的目的。我们通过表2-7"仿一仿"案例可以思考：有什么事物可以让自己模仿、学习一下？模仿它的某些形状、结构或学习它的某些原理、方法。这样做，会有什么良好的效果？这样会创造出什么新的东西？

表 2-7 "仿一仿"案例

原来的东西	具有的独特功能	仿一仿,造出新的东西	实现仿一仿的目标
鸟、蜻蜓等	能在空中飞翔	飞行器、飞机、飞船	也能在空中飞翔
小虫钻进硬木	小虫身上有硬壳	盾构施工法	开凿越江隧道
风吹吊灯摆动	来回摆动一次时间相等	机械钟	相对精确的计时
有锯齿的小草	割破鲁班的手指	锯子	能方便地锯木头
蛋壳	能抵挡很大的压力	造出薄壳球形屋顶建筑	减少支柱,又能抗压

（6）改一改

把某件东西的一部分或者缺点、不足之处一一减去来达到你想达到的目的。我们通过表2-8"改一改"案例思考：某件东西在使用过程中，还有哪些缺点或不足？把这些缺点与不足排一排，再分析一下，看看哪个缺点是主要的或必须马上解决的，怎样改进才能克服或尽量减少缺点，给人们带来方便。

表 2-8　"改一改"案例

一件东西	不太满意	改一改,变成新的东西	克服了原来的缺点
篮球架	只能一人投篮	改成有几个蓝圈的	可以使多个学生一起练习
普通杯子	冬天不能保温	改成有保温功能的杯子	达到冬天保温的目的
雨伞	伞柄太长携带不便	伞柄可折的折伞	携带方便
雨伞	雨夜行走不安全	伞面改用反光布	司机能及时发现行人
公交车牌	晚上看不清字	车牌上使用荧光材料	晚上能让乘客看清

(7) 搬一搬

把这件东西搬到别的地方或将某一个想法、道理,某一项技术搬到别的场合或地方来达到你想达到的目的。我们可以通过表 2-9 "搬一搬"案例思考:把这件东西搬到别的地方,还能有什么用处吗？或将某一个想法、道理,某一项技术搬到别的场合或地方,能派上别的用处吗？

表 2-9　"搬一搬"案例

一件东西	原有的功能	搬到别的地方	发挥新的效益
镜子	能反射阳光和热量	反射到昏暗的角落里	照亮暗处,寻找滚落的小物品
灯	发光	航标	照亮航道
		暖箱	孵化小鸡
		灭虫器	杀灭害虫

(8) 变一变

改变一下事物的形状、颜色、音响、气味、位置、方向或改变一下事情的次序或操作的顺序来达到你想达到的目的。我们可以通过表 2-10 "变一变"案例思考:改变一下事物的形状、颜色、音响、气味、位置、方向会产生什么结果？改变一下事情的次序或操作的顺序又会产生什么结果？

表 2-10　"变一变"案例

一件东西	不太满意	变一变,变成新的东西	克服了原来的缺点
圆杆铅笔	容易滚落	六角行杆铅笔	不再容易滚落了
单色的马路	长途车司机易疲劳	不同色彩提示路况的马路	司机始终集中注意力
田忌赛马	总是输给齐王	出场次序变化	田忌获得胜利
衣架	容易被风吹落	衣架钩加长并循环一圈	衣架不再被风吹落
漏斗	水流不畅	漏斗管子改为方形	水流畅了

(9) 反一反

把一件东西正反、里外、上下、左右、前后、横竖颠倒一下思考来达到你想达到的目的。我们可以通过表 2-11 "反一反"案例思考:如果把一件东西的正反、里外、上下、左右、前后、横竖颠倒一下会有什么结果？如果把平时习惯的思考方向逆反过来能解决什么问题？

表 2-11　"反一反"案例

遇到的问题	常规操作思路	反一反的思路	解决问题的具体操作
小孩掉进水缸	让小孩离开水缸	让水离开小孩	司马光砸破水缸救小孩
敌军将到,手下无兵	紧闭城门,坚守	大开城门	诸葛亮空城退司马懿
侠客跳上房顶	侠客往上弹跳	侠客从房顶跳下	拍好电影片子反着放映
走楼梯很累	楼梯不动,人走动	人不走动,楼梯动	自动扶梯、电梯
造大桥	桥墩在下支撑桥面	钢索在上拉住桥面	斜拉索大桥方便轮船通过

（10）代一代

用一种东西代替另一种东西来达到你想达到的目的。我们可以通过表 2-12"代一代"案例思考：有什么东西能代替另一件东西吗？如果用别的材料、零件、方法等代替另一种材料、零件、方法行不行？会产生哪些变化？会有什么效果？能解决哪些问题？

表 2-12　"代一代"案例

遇到的问题	问题的关键	用什么替代	解决问题
曹冲称象	秤无法称起大象	很多小石头	分别装船;秤出全部小石头重量
花盆敲碎	使根部泥土不碎落	搪瓷碗、塑料瓶	稍做改动,可临时替代使用
手帕用后就脏	一天内反复使用	手巾纸	一次性使用
携带很多现金	占空间,不安全	银行卡	现代技术支撑,方便地异地取款

（11）减一减

在某件东西上减去部分东西或在操作过程中减少次数来达到你想要达到的目的。我们可以通过表 2-13"减一减"案例思考：能在某件东西上减去什么部分吗？能把某样东西的重量减轻一点吗？在操作过程中减少次数行不行？这些从形态上、重量上、过程中的"减一减"能产生什么好的效果吗？

表 2-13　"减一减"案例

原来	减些什么	变成新的东西	有了新的功能
繁体汉字	减去笔画	简体汉字	识读、书写都方便
传统照相机	减去很多零件	一次性照相机	携带方便,一次性使用
每次乘公共汽车都要买票	能否一次买票解决多次乘车	预售本票、一卡通	许多公共汽车上都能通用

（12）定一定

为了解决某一问题或改进某一件东西；为了提高学习、工作效率,防止可能发生的事故或者疏漏；为了生活得更美满,我们做出某些规定来到达你想达到的目的。我们可以通过表 2-14"定一定"案例思考：为了解决某一问题或改进某一件东西；为了提高学习、工作效率,防止可能发生的事故或疏漏；为了生活得更美满,需要定出什么吗？这个规定的作用究竟是什么？

表 2-14　"定一定"案例

遇到问题	问题的关键	定一定规则	解决问题
行车秩序	要有规则	靠右行驶;红灯停;绿灯行畅通安全	交通混乱
马路噪声	缺少提示	安装分贝显示器禁鸣标志	减少鸣笛、相对安静
灭火器过了有效期	没有提示或提示不明显	安装液晶显示器,电池的耗电时间与灭火器有效时间一致	提醒及时更换灭火器里的药剂

二、组合技法

组合技法是指按照一定的技术原理或功能、目的，将现有的科学技术原理或方法、现象、物品作适当的组合或重新安排，从而获得具有统一整体功能的新技术、新产品、新形象的创造技法。从某种意义上讲，新发明几乎都是已有技术的组合，任何一项新装置的发明，都不可能纯粹是白手起家，构成每项发明的技术系统的多个组成部分，至少部分零件是前人发明的。因此，发明可通过一定的组合方式，创造出全新的系统。例如，1979 年的诺贝尔生理学医学奖获得者豪斯费尔德将 X 光照相技术与计算机技术相结合，发明了 CT 扫描仪，成为人类医学诊断仪器发展史上的重大技术进步。

（一）组合方式

组合技法有重组组合、异类组合、同类组合、共享与补代组合、现象组合、综合组合等六种典型组合方式。

1. 重组组合

重组组合就是把原事物分解成若干组成部分后，再用新的创意重新组合起来，通过改变各组成部分的相互关系，达到事物在功能或性能上发生有利的变化的目的。

重组组合法的特点：

① 在一个事物上进行，不增加新的事物；

② 重组主要是改变事物各组成部分间的相互关系。

如图 2-2 所示，如飞机的螺旋桨装在尾部就是涡桨飞机，如装在顶部为直升机。

图 2-2　涡桨飞机与直升机

2. 异类组合

异类功能组合就是将两种或两种以上的不同类技术思想或事物组合在一起，获得功能更强、性能更好的新产品。这种技法是将研究对象的各个部分、各个方面和各种要素联系起来加以考虑，从而在整体上把握事物的本质和规律，体现了综合就是创造的原理。

异类组合具备以下特点：

① 组合对象来自不同的方面，一般无主次之分；

② 组合过程中，参与组合的对象从意义、原理、结构成分、功能等任一方面或多方面相互渗透，整体变化比较显著；

③ 组合过程中异中求同，范围广泛，创造极强。

如图 2-3 所示的橡皮擦与铅笔的组合，图 2-4 所示的世界闻名的瑞士军刀就是将多种功能不同的五金工具进行组合而成。

图 2-3　橡皮擦与铅笔的组合

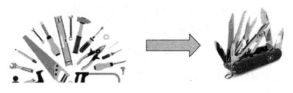

图 2-4　瑞士军刀

3. 同类组合

同类组合就是在保持事物原有价值、功能和意义的前提下，通过数量的增加，来弥补功能的不足或获取新的功能、产生新的意义，而这种新功能或新意义是原有事物单独存在时所缺乏的。

同类组合需具备以下特点：

① 组合对象必须是同一类事物；

② 组合过程中，组合对象的基本原理、基本结构没有实质性改变；

③ 组合后的产物具有对称性或一致性。

例如图 2-5 所示的双人自行车、立体插座，五味瓶的设计等。

(a)双人自行车　　　　　　　　　(b)立体插座　　　　　　　　(c)五味瓶

图 2-5　同类组合

4. 共享与补代组合

共享组合是指把某一事物中具有相同功能的要素组合到一起，达到共享之目的。例如：不同的生活用品都用干电池：半导体收音机、电动剃须刀、手电筒、石英表等。

补代组合是通过对某一事物的要素进行摒弃、补充和替代形成一种在性能上更为先进、新颖、实用的新事物。例如门锁的演变：挂锁→暗锁→弹子门锁→单保险锁→双保险锁→声控锁→指纹锁等。

5. 现象组合

现象组合就是把某些自然现象或者物理、化学现象进行组合，从而创造出新产品、新方法及发现新的原理。

例如：德国科学家结合两种现象，发明了一种不用手术清除肾结石的方法。

现象一：如果水中两个电极进行高压放电，产生的大的冲击力可以击碎坚硬的宝石。

现象二：在椭圆球面上的一个焦点发出声波，经反射后在另一焦点汇集。

利用这两种现象，科学家设计了一个水槽，让患者躺在其中，使其结石处于椭圆球的一个焦点上，在另一个焦点上设置电极。经过几分钟的放电，冲击波通过人体就可以把大部分结石击碎。

6. 综合组合

综合组合是将不同领域、不同方面、不同类型的事物以某个目的为中心，通过一定的方法手段有机地组合在一起。与以上几种组合方式比较，综合组合是一种更为高层次的组合。在知识和信息飞速增长的时代，综合组合在科技发明创造中应用越来越广泛。

科技发展史表明，近代科学的三次综合就先后产生了三次革命和三次大创造。

第一次综合：牛顿综合开普勒的天体运行三大定律和伽利略的物体垂直运动定律、水平运动定律，创造了经典力学体系，引起了以蒸汽机为标志的技术革命。

第二次综合：麦克斯韦综合法拉第的电磁感应理论和拉格朗日的数学方法，完善了电磁波理论，并引起了以发电机、电动机为标志的技术革命。

第三次综合：狄拉克综合爱因斯坦的相对论和薛定谔方程，创造了相对论量子力学，引起了以原子能技术和电子计算机技术为标志的新技术革命。

因此，综合也是一种创造。

（二）组合的典型技法

组合的典型技法有主体附加法、二元坐标法、焦点法、形态分析法等。

1. 主体附加法

主体附加法是以某一特定的对象为主体，通过置换或插入其他技术或者增加新的附件而使发明或创造诞生的方法。也称为"内插式组合"。

实施步骤：

① 有目的地选定一个主体；

② 运用缺点列举法，全面分析主体的缺点；

③ 运用希望列举法，对主体提出希望；

④ 考虑能否在不变或略变主体的前提下，通过增加附属物以克服或弥补主体的缺陷；

⑤ 考虑能否利用或借助主体的某种功能，增加一种别的东西使其发挥作用。

运用主体附加法时，通常采用两种变化方式。一是不改变主体的任何结构，只是在主体上连接某种附加要素，例如，在电风扇中添加香水盒，一般卡车上附加简易起吊装置，在铅笔上附加橡皮头，在矿泉水中添加对人体有益的微量元素等；二是要对主体的内部结构做适当的改变或替代，以使主体与附加物能协调运作，实现整体功能。

2. 二元坐标法

二元坐标法又叫强制组合法，是借用平面直角坐标系在两数轴上标点（元素），有序的两两组合，然后选出有意义的组合的创新方法。

实施步骤：

① 列出联想元素；

② 把联想元素绘制成二元坐标图（例如表 2-15 家具与电器的组合二元坐标图）；

③ 两两元素进行组合联想；

④ 选出有意义的组合，对其组合进行可行性分析。

表 2-15　家具与电器的组合二元坐标图

项目	床	沙发	桌子	衣柜	镜子	电视
床	—	—	—	—	—	—
沙发	沙发床	—	—	—	—	—
桌子	床头桌	沙发桌	—	—	—	—
衣柜	床头柜	沙发柜	组合柜	—	—	—
镜子	床头镜	沙发镜	桌镜	穿衣镜	—	—
电视	电视床	电视沙发	电视桌	电视柜	—	—
灯	床头灯	沙发灯	台灯	带灯衣柜	镜灯	电视灯

3. 焦点法

焦点法是美国 C. H. 赫瓦德创立的一种方法。它是指定一个事物为中心（焦点），依次与罗列的各元素一一组合。也就是说，本方法是就特定的问题而寻求各种构思的方案。发散式组合主要以新产品、新技术、新思想为中心，同多方面的传统技术结合起来，形成技术辐射，从而导致多种技术创新的发明创造方法；集中式组合则主要应用于某一问题的改进或创新，把与此问题无关的多种技术、思想、事物聚焦于问题上，形成综合方案。

焦点法有发散和集中两种结构，如图 2-6 所示。

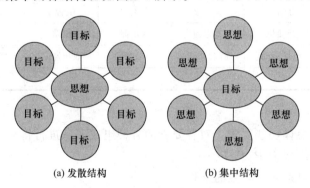

(a) 发散结构　　　　　　(b) 集中结构

图 2-6　焦点法思维图

实施步骤：

① 选择焦点。焦点就是你希望创新的事物，或者是准备推广的新产品、新技术、新思想，将其填入中心圆圈中。

② 列举与焦点无关的事物或传统的产品、技术和思想。列举时可以从多方面、多角度罗列，尽量避免罗列与焦点事物相近的东西。将所选的内容逐一填入环绕焦点四周的小圆圈内。

③ 分别将中心圆与周围的小圆圈连接，得到多种组合方案。

④ 展开联想或采取头脑风暴法，对每种组合提出创造性设想。

⑤ 评价所有的设想方案，筛选出新颖实用的最优方案。

4. 形态分析法

形态分析法是美籍瑞士科学家茨维基于 1942 年提出的，是指通过研究对象相关形态要素的分解排列和重新组合，全面寻求各种解决问题方案的方法。

实施步骤如下。

（1）选择和确定创造对象

形态分析法适用的对象十分广泛，可以是有形的机器设备或其内部工作系统、部件甚至剧本、乐曲等。

（2）要素分析

这一步需要确定创造对象的主要组成部分，即组成要素，也就是独立变量。它的变化会直接影响对象的变化。在进行要素分析吋要注意：

① 组成要素要尽可能全面，关键因素不应被遗漏；

② 它们在功能上或逻辑上应相互独立，即仅仅改变其中某一要素时，仍会产生一个具有可行性的独立方案；

③ 数量不宜太多，也不易太少。一般 3～7 个为宜。

（3）确定形态

即列出每一要素所包括的所有可能的形态（方法、技术手段或工具）。这需要分析者认真仔细的工作、具有丰富的行业经验以及较强的发散思维能力，要尽可能列出每一要素在自然界或各行业中所具有的形态，列出的形态越多、范围越广越好。例如表 2-16 所示简易运输车形态分析。

表 2-16　简易运输车形态分析

组成要素/状态	组合 1	组合 2	组合 3	组合 4	组合 5	组合 6
驱动方式	柴油机	蓄电池	太阳能	脚踏	风力	电力
制动方式	电磁制动	脚刹制动	手动制动	液压制动	气压制动	其他制动
轮子数量	12	10	8	6	4	2

（4）形态组合

按照创造对象的总体功能要求，对各要素的各种组成形态进行排列组合，获得所有可能的方案。每种方案的组成为 $P_1P_2P_3\cdots$

组合数目：$N＝$要素的形态数的乘积。

例如表 2-17 所示，某厂饮料包装容器的创造方案。

创造对象：饮料包装容器。

要求：携带方便、外观透明、成本低廉等。

组成要素：材料、容量、形状。

表 2-17　某厂饮料包装容器的创造方案

组成要素/状态	1	2	3	4	5
材料	纸	金属	玻璃	塑料	—
容量	125mL	250mL	500mL	1000mL	2000mL
形状	方形	圆柱	球形	圆锥形	—

从表 2-17 可知：共有 $4×5×4＝80$ 种方案。

（5）评价筛选、组合方案

对照产生的方案，制定评价标准，通过分析比较，选出少数较好的设想，然后通过把方案进一步具体化，最终选出最优方案。当然，评价的过程可以分几步逐步进行。

形态分析法在具体使用中需要注意以下几点：

第一，上述的步骤不是必须遵循的，确定要素的数量后可直接列出形态表，并进行组合选择；

第二，在选取要素时要准确，无关紧要的可以不予考虑。为了提高工作效率，分析时最好有一个主要思想；

第三，对于复杂的技术课题可以运用系统方法划分几个层次，逐项展开，不断深入。最后再进行整体组合；

第四，当要素和形态数目过多时，形态分析法往往形成大量的问题方案，会使人在选择时无从下手，影响应用效果。

三、逆向转换法

逆向思维技法是指以逆向思维的方式进行创新的开发思路。逆向思维又名反向思维、乘负法、反面求索法，通俗地讲就是"反过来想一想"的意思。这就是为了达到某一目标，人们将通常思考问题的思路反转过来，以悖逆常规、常理或常识的方式去寻找解决问题的新途径、新方法。它主要是针对一般地产品，就其原理、视场、需求、结构、功能等从相反方向进行思考探索，将思路从固有的习惯性思维观念中引导出来，从而获得崭新的启迪。

逆向转换法的"逆"可以是方向、位置、过程、功能、原因、结果、优缺点、破（旧）立（新）矛盾的两个方面等诸方面的逆转。

逆向转换法有以下几种技法。

1. 逆向反转法

逆向反转法主要有：

（1）原理相反

制冷与制热、电动机与发电机、压缩机与鼓风机。

（2）功能相反

保温瓶（保热）装冰（保冷）。

（3）过程相反

如吹尘与吸尘。

（4）位置相反

如野生动物园的人和动物的位置，是人看动物，还是动物看人？

（5）因果相反

原因结果互相反转即由果到因。如数学运算中从结果倒推回来以检查运算是否正确。

（6）程序相反

例如，在科学研究中，常先假设后实验验证。居里夫人发现镭，就是先假设了新元素的存在，再通过实验验证了镭元素的存在。

（7）观念相反

最简单普遍的观念变化：从吃饱穿暖到吃好、穿好——油水多，鸡鸭鱼肉一大桌——清淡、天然、野生、粗粮、杂粮等。

（8）结构逆向

是从已有事物的结构形式出发所进行的逆向思维，以通过结构位置的颠倒、置换等技巧，使该事物产生新的性能。如电烤箱，将加热用的电热丝放置于食物上方，避免了食物中的油滴落到电热丝上，造成污染。

2. 重点转移法与问题逆转法

（1）重点转移法

俗话说：有心栽花花不开，无心插柳柳成荫。在科技创新中常有这样的现象，原定的目标久攻不克，而偶然冒出来的现象却导致重大成果的诞生。如图 2-7 所示，细菌学家弗莱明正在做培育葡萄球菌的实验，偶然发现有器皿中的葡萄球菌成片死亡，研究发现是青霉孢子在作怪。于是他将目标转向青霉孢子的杀菌研究，最终发明了青霉素，这一发明使人类的平均寿命延长了 10 年！类似地，英国化学家帕金致力于研究人工合成奎宁药物，但奉献给人类的却是合成染料——苯胺紫。

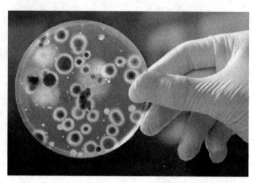

图 2-7　培育葡萄球菌的实验

可口可乐的发明是成本最低，赚钱最多的一种糖水——可口可乐其实是配错了方子的头痛药水。

（2）问题逆转法

当一个问题难以解决时，可试着将问题转移，变换成与之相关的另一个问甚至是想法相反的问题，然后集中精力来思考解决。一旦新问题得到解决，原来的老问题也不复存在了。

［实例 2-1］　汽车防盗追踪器的发明

汽车被盗是各国都存在的社会问题。为此，许多发明家都动了不少脑筋，研制发明了各种各样防盗的锁具与报警装置，但这些技术不久便会被盗贼们识破破解。怎么办，一位技术人员突发奇想，既然防不胜防那就不去设防，让小偷去偷。问题在于车被偷后主人能找到它不就行了。于是，从发明防盗装置改为发明寻找车踪的装置。

据此思路，一种车装信号发送装置问世了。将它隐藏于汽车的任一部件，一旦车子被盗失踪，利用警察局的电脑就能启动该装置，在 5 公里范围内了如指掌，一部带有跟踪设备的警车很快就能将车找回来。

［实例 2-2］　一次性碗的发明

洗碗是个麻烦事，很多人不愿意干。一些发明家努力发明各种洗碗机以代替人力洗碗。而一位商人却把问题逆转为让碗不用洗。他想到东南亚一带的热带雨林有大量藤子，使用其编织成碟子，吃饭时先用一片圆纸衬在碟子里，再放上食品，饭后将碟内的纸片揭去，收回藤碟便行，从而达到不用洗碗的功效。

另一位发明家受此启发，直接用层压纸制造出"不用洗的碗"，每次用餐后，只要撕去一层纸，就会露出干净的下一层。这种碗对缺水的地方及勘探、旅游很合适。

发明家还想到了用食物本身做成碗，如图 2-8 饭后将碗吃掉，也达到不用洗碗的目的。

图 2-8　可以吃的碗

3. 破与立创新法

创造与创新的本质是破与立，只有突破传统与规范才能产生新奇的创造。居里夫人指出："你所发现的东西离传统理论越远，也就与诺贝尔奖越近。"破的关键在于大胆质疑。

[实例 2-3]　**室温超导材料的研究**

室温超导材料研究历经 75 年的坎坷旅程，最终正是带有批判性的反向思考，才使之取得了突破性进展。早在 1911 年，荷兰物理学家翁纳斯就发现水银在 −269℃时电阻消失了。但是，在此后长达 75 年的时间里，由于大多数人都难以排除唯书的思维模式，毫不怀疑"金属是良导体"的科学定论，只想在金属及合金（主要是铌合金）中寻找超导材料，结果毫无进展。直到 1986 年，设在瑞士苏黎世的美国 IBM 公司的贝德纳兹和马勒，打破了传统"氧化物陶瓷是绝缘体"的观念，研究发现了一种氧化物（镧-钡-铜-氧）具有 35K 的高温超导性，引起世界科学界的轰动。此后，科学家们争分夺秒地攻关，几乎每隔几天，就有新的研究成果出现。

4. 还原分析法

还原分析法是指把创造的起点移到创造的原点。即先暂时放下所研究的问题，反过来追本溯源，分析问题的本质，然后从本质出发，另辟蹊径，寻找新的创造方法。它包含还原换元法、换元还原法。

（1）还原换元法

还原换元法即先还原后换元。还原就是在作发明创造时，不以现有事物为起点，继续沿着原有思路同向探索，而是先摆脱思维惯性和传统影响，反向还原；换元是指改变原有的方法或材料等。此法创造性极强，是开辟发明创造新思路的一种有效方法。

[实例 2-4]　**无叶电风扇的发明**

对于电扇来讲，就是要寻找某种能促使空气运动的新方法。图 2-9 所示为詹姆士·戴森发明的无叶风扇，它通过底座上的机关吸收空气，然后再将空气高速压缩，并通过环状部件释放出来，如此一来，徐徐凉风飘然而至。这种新造型风扇独特的工作原理让它摆脱了风扇扇叶这个部件，革新了风扇造型，不仅外形靓丽，清理起来也十分方便，安全性也得到了提高。这种新型的风扇因为没有叶片所以被称为无叶电风扇，或叫空气增倍机，因为是戴森发明的，所以又称戴森无叶风扇。

（2）换元还原法

换元还原是数学运算中常用的解题方法，如直角坐标与极坐标的互相变换以及换元积分法。此法着重于解决具体问题方法，并非是提出问题的方法。应用换元还原法的关键在于换元，即发现并决定可以互相代替的事物及其等值关系和实施代替的具体方法。在发明创造活动中，换元还原就是用一事物代替另一事物，通过代替事物来研究被代替事物，从而使常规方法所难以解决的问题被解决、发现新的办法、进一步改进完善被代替的事物。

[实例 2-5] 气泡室的发明

探测高能粒子运动轨迹的仪器——"气泡室"的发明过程，就是美国核物理学家格拉塞尔在喝啤酒时，看到杯中一串串上升的气泡，猛然受到了启发，便将啤酒看作为高能粒子要穿越的介质，随手拣起几粒鸡骨代替高能粒子，待酒杯中碎骨的沉落，周围不断冒出气泡，气泡清晰地显示了碎骨下落的轨迹，如图 2-10 所示。换元实验是成功的，能否还原呢？格拉塞尔经过反复实验，终于发现，当带电粒子穿过液态氢时，所经路线同样出现了一串串气泡，由此找到了能呈现粒子运行轨迹的良策，荣获诺贝尔物理学奖。

图 2-9　詹姆士·戴森发明的无叶风扇

图 2-10　酒杯中的气泡

[实例 2-6] 植物探矿法

通常，勘探矿藏都是用钻探的方法。由于钻探设备庞大笨重，搬运及施工都甚麻烦，尤其在深山老林施工，更是困难重重。为减少钻探的盲目性，有必要寻找一种新的探矿方法，作为直接探矿——钻探的向导。那么，换元还原是一种好办法。

钻探的目的是采集地下矿物标本，以此查探矿藏虚实。那么，除此而外还有什么（换元）能反映地下矿藏的情况呢？于是搜索分析一切与矿藏接近或相关的事物，看其能否显示或暗示着某矿物的存在。研究发现，有些植物就有这种特点：如铜矿区的野玫瑰呈蔚蓝色；镍能使花瓣转变为红色；三叶矮灌木能够证明土壤中含石膏；在矮生的樱桃和剌扁桃下可能有石灰石矿；金矿和银矿区的忍冬藤特别茂盛等。于是，人们把植物作为探矿的换元因素，先找长势异常的植物，经化验、分析、测算、取得有关参数后，再还原钻探，这样就更有把握。探矿的换元对象还可以是那些根深蒂固的年久林木，如松树、杉树等针叶树木的根系常深扎于许多矿物里，能够吸收从矿物中分解出来的 30 余种金属，并输送到树叶。因此，分析树叶所含金属成分，同时勘明树木分布状况，就能提供矿藏信息。利用植物，科学家们已探测到了一些稀有金属矿藏。

5. 缺点利用法

任何事物都具有双重性，即利弊并存。利弊关系的这种统一属性是创新的理论基础和实践基础。它是一种在技术创新中，利用事物的缺点，化弊为利的方法。

缺点的作用，一方面可以引导研究者通过克服缺点进行革新；另一方面可以引导研究者去寻找化弊为利的途径，产生新的技术发明。

[实例 2-7]　**利用蓝脆性制造铁粉的新方法**

如图 2-11 所示，当钢被加热到 300～400℃时便产生蓝脆性。但对于这种蓝脆性产生的内在原因和变化机制，众说纷纭，并无统一定论。然而，人们仅仅凭借对于现象本身特性的了解，就创造了利用蓝脆性制造铁粉的新方法。

图 2-11　利用蓝脆性制造的铁粉

根据辩证法的基本原理，任何事物都包含对立的两方面，这两方面既相互依存又相互排斥地存在于一个统一的整体中。人们在认识事物过程中，实质同时与其对立统一的两方面打交道。只是由于日常生活中人们往往只采用一种习惯性思维的方向，只看到其中的一方面。比如，认为模范人物，先进人物必然完美无缺，什么都好；罪犯一定什么都坏，丑恶无比。其结果，是按正向思维去思考问题成了习惯，所形成的认识，设想越来越平庸，且无法全面地认识考虑事物。

可见，要想创造性地解决问题，采用辩证思考的方式，逆转一下正常的思路，从反面换个角度想想，很可能会产生突破性的成果。

四、列举法

列举法是在美国内布拉斯加大学教授克劳福特创造的属性列举法基础上形成的，是具体运用发散性思维来克服思维定式的一种创造技法。该技法人为地按某种规律列举出创造对象的要素分别加以分析研究，以探求创造的落脚点和方案。

列举法是将研究对象的某方面属性（如特点、缺点或希望点）——罗列出来，对其进行分析研究，从中探求出各种改进方法的创新思维方法。

按照所列举对象的不同，列举法可以分为特性列举法、缺点列举法、希望点列举法、成对列举法及综合列举法。

1. 特性列举法

特性列举法是一种将创新对象的包括名词特性、形容词特性和动词特性等特征——列举出来，然后分析、探讨能否以更好的特性来替代，最后提出革新方案的创新思维方法。

实施步骤如下。

（1）确定创新对象并加以分析

了解事物现状，熟悉其基本结构、工作原理及使用场合等，应用分析、分解及分类的方法对研究对象进行一些必要的结构分解。

（2）特性列举并归类整理

把事物的特性用名词、形容词、动词表现出来。

名词特性：整体、部分、材料；

形容词特性：大小、形状、颜色、性质；

动词特性：功能、机理、作用。

例如图 2-12 炒菜的锅。

材料：铁、陶瓷、石材……

形状：圆形、方形……

功能：炒菜、蒸菜……

图 2-12 锅

（3）依据特性项目进行创造性思考

充分调动创造性观察与创新思维的参与，针对特性中的某方面的改进进行大胆思考。可以试着对可替代的各种特性加以置换，引出具有独创性的方案。

（4）提出方案并对方案进行评价讨论

大胆提出各种设想和方案后，要对这些设想进行论证，最终进行分析、筛选、合并，形成可行性方案并加以实施，以使产品或改进方法能符合人们的需要和目的。

2. 缺点列举法

缺点列举法就是运用"吹毛求疵"的精神，尽力发掘事物的缺点，将其一一列举出来，然后对这些缺点进行归类、分析，以找出改进方案的方法。

实施步骤如下。

（1）确定对象，做好心理准备

选目标对象应相对小些、简单些，如果研究主体过大，可以把它分解开来。

（2）详尽列举缺点

要多角度观察事物，按该研究主体的各个表征方面，如功能、性能、结构、形状、工艺、材料、经济、美观等，发挥同学们的发散性思维能力，尽量列举其缺点和不足。三种方法：会议法、用户调查法、对比分析法。

（3）整理、分析、鉴别

将列出的缺点加以整理，或按缺点的性质归类，或按缺点的严重程度排除次序，或从产品的标准、性能、功能、质量、安全等影响重大的方面出发，筛选出一些主要缺点，找出有改进价值的缺点即突破口。

（4）进行改进构想

根据原因找到解决的办法，应按照缺点、原因、解决办法和新方案等列成简明的表格选择最佳或最适合的方案。

3. 希望点列举法

希望点列举法就是把人们对某个事物的要求，如"希望……""如果是那样就好了"之类的想法列举出来，聚合成焦点来加以思考，并在希望思维过程中产生新的观念和想法，从而实现创新的方法。

从人们的希望出发而进行创新的方法。例如，开发一种新型雨伞，希望可以充电、可以扇风等，如图 2-13 所示。

图 2-13 新型雨伞

希望点列举法提出的希望有些是从缺点直接转化而来的，对事物某方面的不满，转变为对此改进的希望。与缺点列举法相比，它能从正面、积极的因素出发考虑问题，不受现有事物的约束，可以把旧事物整个看成缺点，易产生大的突破，能够在更大程度上开阔思考问题的空间。

实施步骤如下。

（1）激发和收集人们的希望

希望是指社会的希望、大众的希望。因此，我们要向社会了解、向大众了解他们的希望是什么？

（2）仔细研究人们的希望，以形成"希望点"

对收集到的发明创造进行分类整理后，要根据可行性原则，确定某些"希望点"为发明创造的目标。这一点十分重要，希望都是美好的，但美好的希望很多在现实生活中不可能成为现实，同时还要注意它的先进性和实用性。

（3）创造出新产品

以"希望点"为依据，创造新产品以满足人们的希望。

4. 成对列举法

成对列举法是把任意选择的两个事项结合起来，成对列举其特征，或者把某一范围内的事物一一列举，依次成对组合，从中寻求创新设想。此法既利用了特性列举法务求全面的特点，又吸收了强制联想法易于破除框框、产生奇想的优点，因而更能启发思路，收到较好的效果。

实施步骤：

（1）将两个不同事物的属性或子因素一一列出

其中一个事物为焦点物（发明物），另一个事物是触发物（参照物）。

（2）考虑一事物的属性

① 能否与另事物中的每个属性配对组合，再继而考虑一事物的属性；

② 同另一事物的每个属性的配对结合，依次全部组合之，成对列举法如图 2-14 所示。

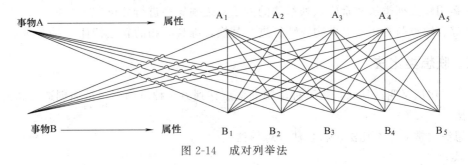

图 2-14 成对列举法

（3）在所有可能结合的方案中进行评选

例如，要设计一种形态悦人的家具，可将其拟人化。以一事物为人体各部位的形状，所属的子因素为：

① 手的形状；

② 嘴的形状；

③ 耳朵的形状；

④ 头的形状……

另一事物为家具，所属的子因素为：

① 床；

② 椅子；

③ 花盆架；

④ 桌子……

按图示的形式将两事物的所有因素列出，然后进行组合。如一事物中的①与另一事物中的①、②、③……依次组合，可得出手形的床、手形的椅、手形的花盆架等；将一事物中的②与另一事物中的①、②、③组合，如此类推，便可产生大量新设想，如表 2-18 所列。

表 2-18　家具方案成对列举

各种家具	床	桌子	沙发	椅子	茶几	书架	衣柜	……
室内用品	镜子	花盆架	电视	音响	眼镜	梳子	台灯	……

最后分析上述所有组合的可行性，如有的家具设计师已设计出了手形沙发椅，别致新颖，很受欢迎。

5. 综合列举法

属性列举法、缺点列举法和希望点列举法都只偏重于某一方面来开展创造性思维，因而在一定程度上也给创造带来一定的束缚。

从根本上讲，创造应该是没有任何限制的，因此，我们在开展发散型创造思维的时候，可以综合运用上述方法，这就是综合列举法。

综合列举法是针对所确定的研究对象，从属性、缺点、希望点或其他任意创造思路出发列举出尽可能多的思路方向，对每一思路方向开展充分的发散思维，最后进行分析筛选，寻找最佳的创新思路的创造技法。

实施步骤：

① 确定研究对象；

② 对研究对象应用属性列举法进行分析和分解，列举各项属性；

③ 运用缺点列举法和希望点列举法的方法对逐项属性进行分析；

④ 综合缺点与希望点对事物原特征进行替换，综合事物的新老特征，提出创造性设想。

五、联想类比法

联想类比法又叫迁移法，把某种事物的优点移到另一种事物上，从而创造出新的一种东西的方法。

联想法通常分为类比法、移植法及综摄法。

1. 类比法

类比法就是通过对一种事物与另一种（类）事物对比，而进行创新的技法。其特点是以大量联想为基础，以不同事物间的相同、类比为纽带。

[实例 2-8]　可乐瓶设计案例

1898 年鲁特玻璃公司一位年轻的工人亚历山大·山姆森在同女友约会中，发现女友穿着一套筒型连衣裙，显得臀部突出，腰部和腿部纤细，非常好看。约会结束后，他突发灵感，根据女友穿着这套裙子的形象设计出一个玻璃瓶。瓶子不仅美观，而且使用非常安全、易握不易滑落。更令人叫绝的是，其瓶型的中下部是扭纹型的，如同少女所穿的条纹裙子；而瓶子的中段则圆满丰硕，如同少女的臀部。此外，由于瓶子的结构是中大下小，当它盛装可口可乐时，给人的感觉是分量很多的，如图 2-15 所示。采用亚历山大·山姆森设计的玻璃瓶作为可口可乐的包装以后，可口可乐的销量飞速增长，在两年的时间内，销量翻了一倍。从此，采用山姆森玻璃瓶作为包装的可口可乐开始畅销美国，并迅速风靡世界。

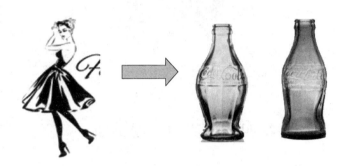

图 2-15　可口可乐瓶设计案例

2. 移植法

移植法就是将某个领域的原理、方法等引用和渗透到其他领域，用以改造旧事物或创造新事物，所以移植法又称"渗透法"。

例如：通过发酵蒸制或烤制的面包松软可口，这种发酵技术中的关键是发泡方法。美国人将发泡方法移植到橡胶生产中，发明了橡胶海绵，德国工程师将发泡方法移植于塑料加工中，发明了泡沫塑料；日本人铃木信一博士将发泡方法移植到水泥制品的生产中，发明了发泡混凝土预制件，广泛用作高层建筑和隔音保暖材料。

3. 综摄法

综摄法是一种新颖独特比较完善的创新技法，是由美国创造学家威廉·戈登在长期研究和实验基础上提出的。它是通过隐喻、类比等心理机制调动人的潜意识功能达到创新的。

综摄法的特性要求亲身体验，设身处地换个角度想问题，从中求得对事物的新感觉或新认识。

[实例 2-9]　**听诊器的发明**

听诊器是 1816 年由法国医师林奈克（图 2-16）发明的。当时，林奈克为一胸痛的肥胖病人看病，他将耳朵贴在病人的胸前，但是病人肥胖的胸部，隔音效果太强了，听不到从内部传出来的声音。林奈克非常懊恼，在小路上漫步也在思考这个问题。正好有两个小孩蹲在一条长木梁两端游戏，一个小孩敲他那一端木梁，另一端的孩子则把耳朵贴在木梁上，静听彼端传来的声音。林奈克思路顿开，立刻返回医院，用纸卷成圆锥筒，用宽大的锥底置于病人的胸部，倾听了一阵，惊喜地发现，可以听到病人胸部内的声音了。经过多次试验，试用了金属、纸、木等材料不同长短形状的棒或筒，林奈克最后改进制成了长约 30 厘米、中空、两端各有一个喇叭形的木质听筒。由于听筒的发明，使得林奈克能诊断出许多不同的胸腔疾病，他也被后人尊为胸腔医学之父。

图 2-16　听诊器之父——林奈克

第四节　原理方案创新

机械行业是我国的支柱产业，担负着国民经济和国防建设的重任。在全球经济一体化的21 世纪，我国企业要想争取更大的生存和发展空间，必须提升产品创新开发能力，因此产品创新开发的研究是机械行业当前面临的重大课题。而在产品创新开发中，产品原理方案创新是产品生产创新开发的一个非常重要的阶段，它集中体现了产品设计上游的工作成果，并对后期生产制造产生极为重要的影响。

创新设计流程一般分为产品规划、原理方案设计、技术设计、施工设计四个阶段，如图 2-17所示。

图 2-17　创新设计流程

原理方案设计阶段针对产品的主要功能提出原理性的构思，探索解决问题的物理效应和工作原理，并用机构运动简图、液路图、电路图等示意表达构思的内容，在原理方案设计过程中往往利用系统工程的观点、方法解决复杂的问题。

原理方案设计对产品的结构、工艺、成本、性能和使用维护等都有很大影响，是关系产品水平和竞争能力的关键环节。

机械产品的工作原理是机械产品的工业动作和工艺动作实现功能目标的机理。实现同一功能目标，可采用多种不同的工作原理方案。例如，要实现将一叠纸张逐一分开这一功能目标，可采用图 2-18 所示的原理方案，其工作原理见表 2-19。一个崭新的原理方案可创造出一个崭新的产品，因此，应用各种科学原理和技术方法，尽可能多地提出一些原理方案来突破传统的工作原理，实现原理方案的创新。

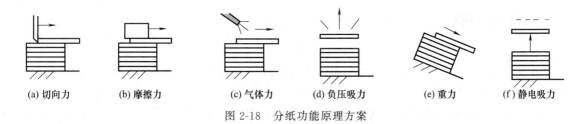

图 2-18　分纸功能原理方案

表 2-19　分纸功能各种原理方案的工作原理

拟实现目标	可使用的原理	实现过程
将一叠纸逐一分开	力学原理	往复直线运动的打推杆,将纸张叠层逐一从纸张叠层上推开
	摩擦原理	旋转的摩擦轮,将纸从纸张叠层上逐一"擦开"
	重力原理	纸叠倾斜的限位装置,使纸张自然脱开
	气体在管道中形成负压或正压的原理	将纸张吸住挪开或逐一将纸吹开
	静电吸引原理	上层的纸张带电后,被带电了的工作板吸住后移开

　　原理方案创新是"抽象—搜索—分解—搜索—组合—收敛"的过程。从明确设计任务入手,通过对总体方案的分析,结合总体功能要求,对每一个功能单元进行分解,创新构思探求多种方案,然后进行技术经济评价,经优化筛选,求得最佳原理方案。原理方案创新的一般流程如图 2-19 所示。

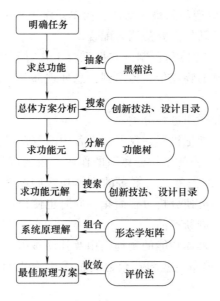

图 2-19　原理方案创新的一般流程

　　实际上原理方案创新的主要任务是建立总体功能,而总体功能由数个功能单元所组成,也就是说方案的总体功能一般包含着很多分功能,而每一功能可以由不同的结构(功能元解)来实现,因此,机械运动方案设计就存在选择问题,具体选择哪一种方案为最优,需要通过评价办法来确定。

一、求总功能

1. 功能

19 世纪 40 年代，美国通用电气公司的工程师迈尔斯首先提出功能（function）的概念，并把它作为价值工程研究的核心问题。他认为，顾客购买的不是产品本身，而是产品的功能。在设计科学的研究过程中，人们也逐渐认识到产品机构或结构的设计往往首先由工作原理确定，而工作原理构思的关键是满足产品的功能要求。

功能就是产品或技术系统特定工作能力抽象的描述，它与产品的用途、性能既有联系又有区别，例如，钢笔的用途是写字，而其功能是存送墨水，性能是书写流畅性等；电动机的用途是作为原动机（驱动水泵，汽车等），而其功能是能量转化——电能转化为机械能，性能是工作时的效率和振动。

2. 功能分类

功能的分类可以按照机械系统的组成进行，也可按三要素变换的物理作业进行分类。

（1）按机械系统的组成进行功能分类

机械系统一般有驱动、传动、执行、测控四部分组成，按机械系统的组成可将系统功能分为以下几类：

① 驱动功能：为系统提供能量或动力，它接受测控部分发出的指令，驱动执行部分工作，驱动功能载体为各种类型的原动机，如电动机、内燃机等。

② 传动功能：传递驱动和执行部分之间的运动和动力，包括运动形式、方向、大小、性质的变化。它的功能载体可以是机械式、液压式或电磁式等。

③ 执行功能：实现和完成产品的最终功能。简单系统可用简单的构建实现特定的动作；复杂系统有多个执行功能，各动作需要协调与配合。

④ 测控功能：包括检测、传感和控制。它把系统工作过程中各种参数和工作状况检测出来，变换成可测定和可控制的物理量，传递到信息处理部分，并发出对各部分的工作指令和控制信号。

（2）按三要素变换的物理作用进行分类

为了有利于开拓与创新，常把机器、仪器、设备中的复杂过程即功能归结为物理的基本作用类型，例如，"净衣"的过程就是"分离"的作用；齿轮减速器的"减速"过程实际上就是物理意义上的"缩小"。即把复杂、繁多的具体功能归结为简单的、较少的基本活动，并且撇开物理量的类型，这样可使分析过程简化，同时也使得在进行原理综合时不受旧框架的限制，易于开阔思路，开发创新产品。

以下为系统中经常出现的具体功能的物理作用及其反作用：

① 转变-复原：凡是引起能量、物料或信号特征发生变化的活动都应称为转变或复原，它具有类型的特征。

能量的转变是指能量形式的转变，例如：热能、电能、光能、声能、动能、势能、化学能等就是不同形式的能量。

物料的转变包括物料特性的转变（如物料磁性与非磁性的转变，物料的传导性、非传导性和超导性的转变等）、物料形状的转变（如物料的圆形、方形、球形、长棒形等转变）和物料状态的转变（如固态、液态、气态的转变等）。

信号的转变可以理解为某种物理量转变为另一种物理量，如电信号（电流/电压）转变为机械信号（位移、速度或加速度）。

② 放大-缩小：一切使物理量放大或缩小的活动都称为放大或缩小，它具有大小的特征。

能量参量的放大或缩小常见的有：传动机构的转速与转矩的增减，功率的变化，温度的升降，电压的增减等。物料特性的放大或缩小是指材料特性数量的改变过程，如材料导电率的提高与降低或反射率的改变等。信号流的放大或缩小是指常见的机械、气动、液动或电动放大器等。

③ 混合-分离：凡是根据不同的物理特性参量（密度、原子量、波长、频率、几何形状等）使两个或几个混合在一起的流分离开，或者使已经分开的流混合在一起的活动都应称为混合—分离。使能量和物料、能量和信号、物料和信号混合和分离的过程也称为混合—分离，它们具有数量的特征。

例如，物料水和能量的结合形成了具有压力的水，用于各种液压增压装置，如水泵。暖气片中的热水，通过热传导、对流和辐射将热水中的能量和水分离。

④ 接合-分开：用来把体现能量的物理量（如功率、力、位移）合成（相加）或者分解成几个分量的过程，以及用来产生或取消相同或不同物料间结合力的活动都可归纳为接合—分开，它具有位置的特征。

例如，差速器是分解力流的装置；焊接、粘接或者切削、剪断等工艺是物料合成与分解操作的实例。

⑤ 储存-取出：把能量、物料、信号存放起来，或从存储器中取出来的活动称为存储—取出。它具有数量、位置和时间的特征。

例如，用来实现能量储存的基本操作有飞轮、弹簧、压缩的气缸、电池等；用来实现物料储存的设备或设施有容器、气缸、仓库等；用来储存信号的有各种存储器（如磁盘、光盘、磁卡等）。

⑥ 传导-中断：是指能量、物料、信号通过电缆、光纤、管道、机构等进行传送或断开的活动，它具有位置和时间的特征。

例如，机构运动的传递、管道上的阀、电器上刀开关等都是事先传导—中断操作的实例或元件。

（3）机构能实现的基本功能

机构能实现的基本功能可归纳为以下几类：

① 变换运动的形式：运动形式主要有转动、单双向移动、单双向摆动以及间歇运动等。

② 变换运动的速度：即增速、减速、变速或调速等。

③ 变换运动的方向：主要指传动件的两轴线可平行、相交、空间交错等；对于空间连杆机构与空间凸轮机构可在运动空间实现任意方向运动的变换。

④ 进行运动的分解与合成：两个自由度的机构及各种差速机构的分解与合成。

⑤ 对运动进行操纵与控制：主要指各种离合、操纵装置。

⑥ 实现给定的运动轨迹：机构中的浮动构建可实现各种轨迹要求，如连杆机构中的连杆、行星齿轮机构中的行星齿轮以及挠性件传动机构中的挠性构件等。

⑦ 实现给定的运动位置：指两个连架杆的相对位置以及浮动构建的引导位置。

⑧ 实现某些特殊功能：如增力、增程、微动、急回、夹紧、定位和自锁等功能。

3. 功能描述

不同的功能描述会产生出完全不同的设计思想和设计方法，寻找到不同的功能载体，会得出完全不同的设计方案，因此，功能的描述要准确、简洁，合理地抽象并抓住其本质，避免带有倾向性的提法，这样可使设计思路开阔，有利于进行创新设计。

例如，取核桃仁的不同功能描述，就得到不同的原理方案，如表 2-20 所示。又如洗衣机的功能描述若为人手洗衣般的"搓衣、揉衣"，则设计者的思路就会停留在"搓揉"上，构思由机械手来实现"搓揉"功能的工作原理，导致设计工作难以开展；若将其功能描述为"洁衣"或"物料分离"（污物与衣服分离），就会想到利用水流与衣物的相对运动原理使"物料分离"，从而不断设计出搅拌式、滚筒式、波轮式等性能优越的洗衣机，甚至可以突破机械搅水的工作原理，设计出真空洗衣机、臭氧洗衣机、电磁洗衣机、超声波洗衣机以及采用溶剂吸收污物的"干洗"机等，为洗衣机的开发和创新打开了思路。再如，要设计一个夹紧装置，若将功能描述为机械夹紧，则设计者联想到的工作原理必为机械手段，如楔块夹紧、偏心盘夹紧、弹簧夹紧、螺旋夹紧等；若将其功能描述为压力夹紧，则设计者的思路会更宽，除上述机械手段外，还会联想到液压、气动、电磁等更多的方法和技术，构思出更多功能原理方案，从而设计出新颖的夹紧装置。

表 2-20　取核桃仁不同功能描述的原理方案

功能描述	原 理 方 案
砸壳	外部加压：砸、压、夹、冲、射等
压壳	外部加压
	内部加压：内部加压力（如通入高压气体）
	整体加压：外压骤减，内压破壳
壳仁分离	外部加压
	内部加压
	去壳：培育薄壳核桃，脆皮，简单取仁；用化学方法溶壳

4. 求总功能

功能描述就是对系统要达到的输出结果的描述，但并不说明如何达到这个结果。由此，将设计的对象系统看成是一个不透明的、不知其内部结构的"黑箱"，如图 2-20 所示。通过对黑箱的输入和输出内容——能量流、物料流和信息流的比较，分析其差异和转换关系，了解其功能和特性，构思出黑箱中的功能内容，从而进一步探求其内部原理和结构。通过"黑箱"构思出黑箱中的功能内容，就突出地表达系统的核心问题——系统的总功能。技术系统的总功能就是以实现某种任务为目标的输入输出量之间的关系，实现了预定转换就体现了系统的总功能。

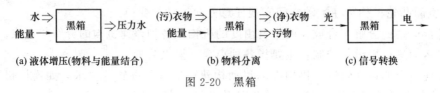

(a) 液体增压(物料与能量结合)　　(b) 物料分离　　(c) 信号转换

图 2-20　黑箱

二、总体方案分析

确定总功能的基础上，首先应对系统进行总体方案分析。总体方案分析即是对总体原理方案的综合分析，一定工况条件的情况下，执行功能、执行元件和工艺过程三者密切关系，需要分析其工艺过程，在较大的领域内进行总体原理方案的分析。例如螺纹的加工方式，从加工原理方案分类可以分为切削加工和无切削加工，选择前者切削加工，则不同的切削方式（如车削、铣削）使用的刀具和工件运动方式不同；选择后者可以利用滚压加工进行搓丝，则对于不同结构、不同尺寸的元件选择的搓丝机不同。

总体方案设计决定了最终产品的技术水平、工作质量、传动方案、结构形式、制造成本等。而方案的解具有多解性，即实现同一功能目标可以采用各种不同的工作原理，因此分析总体方案时，要求在满足功能需求的前提下，充分考虑设计的先进性、可行性和经济性。

三、求功能元

总功能包括数个功能单元，功能单元简称功能元，各功能单元的类型不完全相同，有联系也有区别。为实现需要的总体功能，需要将系统的总功能进行分解，即是求功能元的过程，另外有些分功能可能已经有定型化的产品，可以直接使用。

总体功能分解为功能元，常采用功能树的方式，功能树为树状的功能结构。功能树起于总功能，按分功能、二级分功能逐级分解，其末端为功能元。功能元是可以直接求解的系统最小组成单元。如图 2-21 所示为激光分层试题制造设备的功能分解。

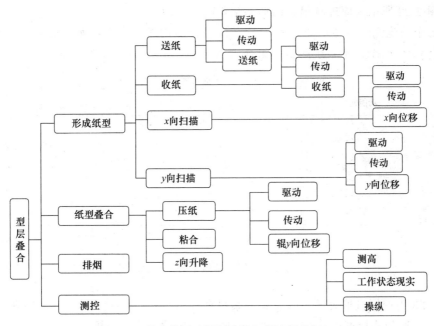

图 2-21 激光分层试题制造设备的功能分解

四、求功能元解

求功能元解就是对功能元进行求解，是原理方案设计中重要的搜索阶段。一般通过以下几种方法求解。

1. 技术冲突原理（TRIZ 理论）

TRIZ 理论是由前苏联工程技术专家 Altshuller 创建的，认为发明的核心问题是解决冲突。设计人员在设计过程中不断地发现冲突，并利用相应的发明解决这些冲突，使产品向理想化的方向进化。设计中的技术冲突，是设计人员为改善或提高某些子系统的性能，而导致系统中的其他子系统或系统性能变坏与降低。例如，为了使轴上的零件固定，采用螺母固定，需在轴上加工螺纹，达到了固定的目的，但是也削弱轴的强度。

2. 利用"设计目录"

设计目录是一种设计信息库。它把设计过程中所需的大量信息有规律地加以分类、排列、储存，以便于设计者查找和调用。不同于一般手册和资料，它密切结合设计的过程和需要编制，每个目录的目的明确，提供信息面广，内容清晰有条理，提取方便。

3. 运用各种创造技法探索新解法

例如，美国北部电讯公司经理应用头脑风暴法，解决电线上积满冰雪，大跨度的电线常被积雪压断，严重影响通信这一难题。有人提出设计一种专用的电线清雪机；有人想到用电热来化解冰雪；也有人建议用振荡技术来清除积雪；还有人提出能否带上几把大扫帚，乘坐直升机去扫电线上的积雪等，不到一小时，与会的 10 名技术人员共提出 90 多条新设想。

五、系统原理解

将各功能元解合理组合可以得到多个系统原理解。

原理解组合是将技术系统的功能元和相应的功能元解分别作为纵横坐标列出形态学矩阵。如图 2-22 所示为原理解组合的形态学矩阵。

将每个功能元的一种功能元解进行有机组合即构成一个系统解。各功能元的解分别为 n_1、n_2、$\cdots$、n_m 个，则系统解最多组合出 $N = n_1$、n_2、$\cdots$、n_m 个方案。

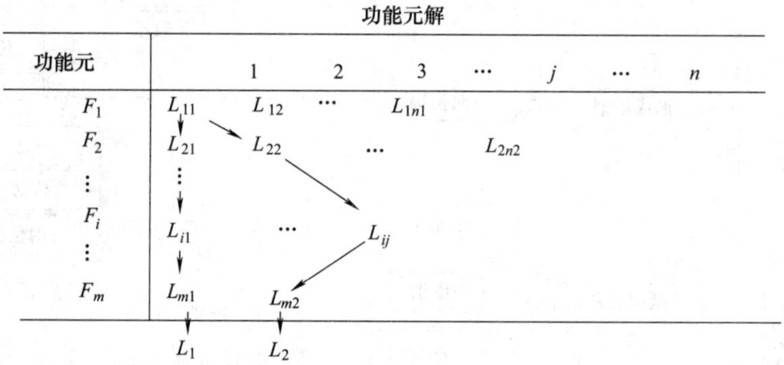

图 2-22 原理解组合的形态学矩阵

图 2-23 为挖掘机形态学矩阵，其方案组合有 $N = 6 \times 5 \times 4 \times 4 \times 3 = 1440$ 种，如 A1-B4-C3-D2-E1 履带式挖掘机；A5-B5-C2-D4-E2 液压轮胎式挖掘机。

功能元	功能元解					
	1	2	3	4	5	6
A 动力源	电动机	汽油机	柴油机	蒸汽透平	液动机	气动马达
B 移动传动	齿轮传动	蜗杆传动	带传动	链传送	液力耦合器	—
C 位移	轨道及车轮	轮胎	履带	气垫	—	—
D 取物传动	拉杆	绳传动	气动传动	液压传动	—	—
E 取物	挖斗	抓斗	钳式斗	—	—	—

图 2-23 挖掘机形态学矩阵

手动剃须刀原理方案设计如图 2-24 所示。

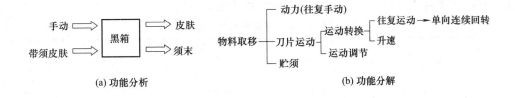

(a) 功能分析   (b) 功能分解

功能元	功能元解		
	1	2	3
Ⅰ手动(方式)	往复移动	往复带动	
Ⅱ1往复移动-连续回转	齿条齿轮	滑块曲柄	
Ⅱ2往复摆动-连续回转	扇形齿轮	摇杆曲柄	摩擦轮系
Ⅲ升速	定轴轮系	周转轮系	
Ⅳ运动调节	离心调速	飞轮	
Ⅴ贮须	盒式	袋式	

(c) 功能求解

图 2-24　手动剃须刀原理方案设计

六、评价与决策

在多个系统解中，首先根据不相容性和设计边界条件的限制删去不可行方案和明显的不理想方案。选择较好的几个方案通过定量的评价方法评比、优化最后求得最佳原理方案。

[实例 2-10]　自行车涨闸结构创新设计

自行车涨闸结构如图 2-25（b）所示，当闸壳为按图示方向转动时，驱动制动凸轮"刹车"时，摩擦片 1 在摩擦力的作用下进一步贴紧闸壳，而摩擦片 2 在摩擦力的作用下将于凸轮推力对抗，力图使摩擦片与闸壳分类，因此，这种涨闸效果不好。

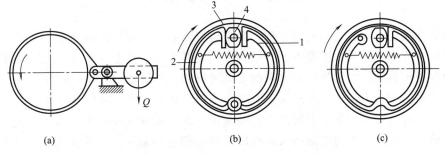

图 2-25　自行车涨闸结构

1,2—摩擦片；3—闸壳；4—制动凸轮

如图 2-25（c）所示，仿效带式制动器将摩擦片做成一片，则在相同制动情况下，整个摩擦片将紧贴闸壳，使得自行车的制动性能大大提高。这就是直接类比法应用于原理方案创新的一个典型实例。

[实例 2-11]　新型单缸洗衣机的原理方案创新

洗衣机必须具有盛装衣物、分离污物、控制洗涤三个功能因素，三个功能因素中"分离污物"是最关键的功能因素。在考虑如何将污物从衣物上"分离"时，应从各个技术领域去深入思考，采用可能应用的一切技术措施，包括现有的和先进的，甚至暂时没有，但有可能通过努力而实现的。列出洗衣机方案设计的形态学矩阵如表 2-21。

表 2-21 洗衣机方案设计的形态学矩阵

功能元		功能元解（形态）			
		1	2	3	4
A	盛装衣物	铝铜	塑料桶	玻璃钢桶	陶瓷桶
B	分离污物	机械摩擦	电磁振荡	热胀	超声波
C	控制洗涤	人工控制	机械定时	电脑控制	—

根据表 2-21 进行组合，可得，$4 \times 4 \times 3 = 48$ 种方案。

其中，

A1＋B1＋C1：最原始的洗衣机；

A1＋B1＋C2：目前市场销售的普通型单缸洗衣机；

A2＋B3＋C1：一种简单的热胀增压式洗衣机，其工作原理是用热水加洗涤剂，用手摇的方式使洗涤桶旋转增压，达到分离衣物上污物的目的；

A1＋B2＋C2：一种新型的用电磁振荡去除衣物上污物的洗衣机；

A1＋B4＋C2：一种应用超声波除去衣物上的污物的洗衣机。

对众多方案进行技术经济评价，经优化筛选，选出最佳原理方案。

由以上案例可以看出，原理方案创新的宗旨是从产品的工作特性和功能目标出发，用新的观点、新的原理、新的方法，创造性的拟定产品的原理方案。

原理方案的创新是一个极富创造性的构思过程。爱因斯坦曾说过"想象力比知识更重要"，因为知识是有限的，而想象力概括着世界上的一切，推动着进步，并且是知识进化的源泉。因此我们应当打破传统的思维模式，运用创造性的思维去进行原理方案的创新。

第五节　机 构 创 新

原理方案确定的工艺动作能否实现，实现得好不好，关键是机构设计。

机构的工作原理不同、类型不同、结构不同，其性能、效率、可靠性、安全性、经济性和可操作性也不相同。不同机构，实现的运动可以相同可以不同；巧妙的改造同一个机构能获得与原来不同的动力特性或者运动；有时一个机械产品的工艺动作只需要一个简单的机构就能实现，也可能需要一些复杂的机构，甚至需要多个机构一起协调才能够实现。所以，由工艺动作的特点从众多机构中选出最合理的机构，创造出新机构，将多个机构集成在一起，使其成为一个能理想完成设计任务的载体，是机构创新设计当中一个最关键的环节。

机构创新需要创新者掌握一定的创新理论和方法，掌握机构学的基础知识和相关理论，必须具备较强的机构分析和综合能力，以及丰富的机构设计实际经验。在科学技术飞速发展的今天，机构创新涉及的技术领域逐渐扩大，各门学科不断交叉，机构的门类越来越多，机构的形式和种类已从传统机构不断地拓展和延伸，这对机构创新者的知识结构、知识水平和创造力提出了更大挑战。同时，也为创造新机构开辟了更广阔的空间。

创新的方向有两个：

① 构造全新机构。这类创新设计称为机构的构型设计；

② 对现有机构进行变性创造。这类创新设计称为机构的变异设计。

创造一种新机构是非常困难的事，如果能从现有的机构中发现一些未被人察觉的性能，并将其巧妙地利用，就可能创造出一种新机构，这是当今机构创造发明的重要方法。另外，设计者需广泛关注当今科学研究在各领域的发展，从中捕捉能产生运动的新技术、新原理、新方法、新结构和新材料，并及时将其转化应用到机构创新设计中，这是机构发明创造的另一种重要方法。大量的机构创新是在有目的地选择已知机构的基础上，综合运用组合、移植、还原、变性等创造原理，通过类比、联想、模仿、求异、替代、颠倒等创新技术来实现。所以，机构创新的必要条件是充分掌握好的已知机构的特点、类型及性能。

由于机构运动形式的复杂性和多样性，能实现同一运动功能的机构有多种，为确保原理方案能高质量实现，需建立机构评价和选优标准。所以，在讨论机构创新设计具体方案的同时，也要讨论与机构创新设计相关的两个问题：

① 机构形式设计的一般原则；

② 常用基本机构特性及一般评价标准。

一、机构创新原则

机构的形式设计解决的关键问题：构造什么机构去实现原理方案提出的运动要求。这是机构设计中最有创造性、最影响方案的经济性和可靠性的重要问题。所以，机构的形式设计，保证了机构满足基本运动要求的同时，还要满足机构设计的一般原则，这些原则是评价机构性能的重要标准之一。

1. 机构尽可能简单

在满足功能的情况下，机构越简单越好。所谓简单是指机构的构件与运动副数量最少，即机构的运动链最短，从而降低生产成本、减轻产品的质量；减少产生振动的环节，提高产品的可靠性；减少运动副摩擦带来的功率损耗，提高传动效率及使用寿命。

对多种机构筛选比较时，若每种机构都能满足方案的设计要求，即使简单机构的运动误差可能比复杂机构稍大，也宁愿选择误差稍大的简单机构而不选用运动误差小或理论上完全没有运动误差的复杂机构。图 2-26 所示为 E 点能上下直线移动的连杆机构，其中（a）图为曲柄滑块机构，由于 $AB=BC=BE$，E 点能精确实现上下直线移动；（b）图中为 E 点能实现近似上下直线移动的曲柄摇杆机构；（c）图为能精确实现上下直线移动的八杆机构。由于八杆机构运动副数量多，运动累积误差大，在同一制造精度的条件下，八杆机构的实际运动误差大约为四杆机构的 2～3 倍，所以最终优选图 2-26（a）曲柄滑块机构。

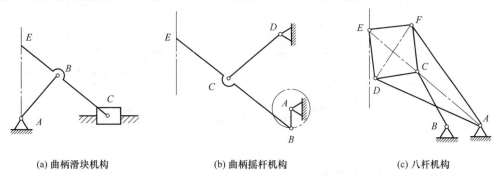

(a) 曲柄滑块机构　　　　　(b) 曲柄摇杆机构　　　　　(c) 八杆机构

图 2-26　三种能实现直线轨迹运动的机构

2. 尽量缩小机构尺寸

在满足相同工作要求的前提下，选用尺寸、质量和结构紧凑的机构。如图 2-27 齿轮传动图中的两个轮系，在传递相同功率且设计合理的条件下，行星轮系的外形尺寸比定轴轮系小。所以，优选图 2-27（b）行星轮系。

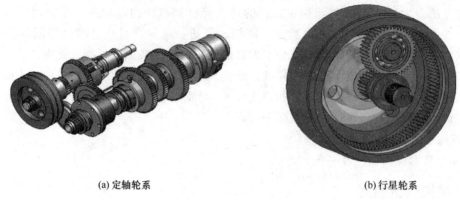

(a) 定轴轮系   (b) 行星轮系

图 2-27　齿轮传动图

在需要从动件做较大行程的直线移动时，齿轮齿条机构比凸轮机构更能实现质量轻、体积小的目标。如果需要原动件做匀速转动、从动件做较大行程往复直线运动，齿轮齿条机构需要增加换向机构以增加结构的复杂程度，这时用连杆机构更合适。

3. 注意运动副的类型选择

运动副元素的相对运动是产生摩擦和磨损的主要原因。运动副的数量和类型对机构运动、传动效率和机构的使用寿命起着十分重要的作用。

一般情况下，转动副容易制造，容易保证运动副元素的配合精度和制造精度，采用标准轴承，效率和精度较高。移动副制造困难，不容易保证配合精度，效率不高易自锁，移动副的导轨需要足够的导向长度，质量大。所以在进行机构构型设计时，应尽量用转动副代替移动副，从而减少摩擦。

图 2-28 是运动副的两个机构，图 2-28（b）正弦机构中转动副的摩擦小于图 2-28（a）移动导杆机构中移动副的摩擦，所以优选（b）图正弦机构。

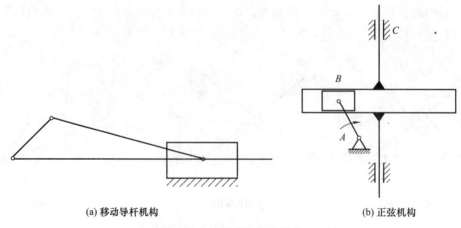

(a) 移动导杆机构   (b) 正弦机构

图 2-28　运动副的两个机构

4. 选择合适的原动机

由于执行机构的输入运动由原动机变速或转换运动形式而获得，所以机构的形式设计需要考虑采用何种原动机。原动机的运动输出形式和运动参数直接影响着整个机构传动系统的复杂程度。目前工程中常用的原动机主要有以下三类：内燃机、电动机和液压电机、液缸、气缸。

（1）内燃机

主要有柴油机和汽油机。目前内燃机主要采用曲柄滑块机构，利用燃气的爆炸力推动活塞带动曲柄转动，内燃机的活塞在曲柄滑块机构的两个运动循环中有部分行程对外做功，有部分行程依靠飞轮惯性和其他活塞工作维持转动，所以，曲柄转速不均匀。另外，内燃机的输出功率随着转速降低而减小，燃气的利用率降低。所以，内燃机不适合于在低速状态下工作，用内燃机来驱动低速执行机构必须要采用减速设备。内燃机主要用于没有电力供应或需在远距离运动中提供动力且对运动精度要求不高的场合。

（2）电动机

电动机种类多，如直流电动机、异步电动机、滑差电动机、双向电动机、直线电动机、伺服电动机、步进电动机等。电动机质量轻、体积小、噪声低、效率高、运行平稳、价格便宜、易于控制和调速。一般的电动机可以向外输出转动，直线电动机可以输出往复直线运动，双向电动机可以输出往复摆动，伺服电动机和步进电动机可以实现各种速度的正反间歇运动。电动机转速变化范围大，输出功率从零点几瓦至上万千瓦。电动机是工程设计中最常用的原动机。

（3）液压电机、液缸、气缸

这一类原动机须使用一定的设备来为气体、液体增压和传输，成本和维护管理费用较高。这些原动机可对外输出转动、往复摆动、往复直线运动，借助控制设备也能实现间歇运动。以他们作为执行构件或驱动执行构件可简化机构传动链。用高压气体的原动机，反应快、运动迅速，有过载保护作用，但是由于工作时速度不易稳定，很难获得大功率输出，噪声很大，适合在易燃、易爆、强振、多尘、潮湿、温度变化大、集中供气源的场合。用高压液体的原动机工作平稳，振动和噪声小，容易实现频繁启动和换向，能过载保护，低速时能获得大功率输出，但由于油液黏性受温度影响较大，只适合在中等温度工作。液压元件的加工和配合精度要求较高，维护运行的成本较高，并且对环境有污染。

设计者在设计机构形式时，应该充分认识由机械与电子技术相互渗透带来的设计思想和设计方法上的变化，利用机电结合、机电组合、机电互补等方法，完全发挥机电一体的优势，创造出性能更好的机械产品。

5. 使机构具有良好的传力条件和动力特性

在对机构进行形式设计时，应该选择效率高的机构类型，并且保证机构具有较大的机械增益和较大的传动角，从而可减小原动机的功率，减小机构中构件的截面尺寸和质量。

对于高速运转的机构，需要注意构件运动形式对机构所带来的不良影响。大质量的往复运动构件和较大偏心质量的回转构件在机构运动时会产生较大的动负荷，会引起较大的振动和冲击，所以要注意构件质量的平衡。机构中作空间运动和一般平面运动的构件产生的惯性力和惯性力矩不易实现完全平衡，应该尽量避免选择具有这种构件的机构。必须采用时，需采取平衡措施以及尽量避免其在高速或易共振的条件下运动。

进行机构的尺寸综合时，在满足设计要求的情况下，应该尽量缩小机构的体积和外形尺寸，尽量减小构件的运动空间，从而可以降低机构运动时产生的能耗和动负荷。

在设计机构形式时需要注意以下三个问题。

（1）尽量减少过约束

图 2-29（a）中由于导轨由三个平面副构成，每个平面副的约束为 3，而导轨只能保留一个移动自由度，即约束只能为 5，所以其过约束为 $3 \times 3 - 5 = 4$；图 2-29（b）中导轨由三个圆柱平面副构成，每个圆柱平面副的约束为 2，所以导轨中存在的过约束为 $3 \times 2 - 5 = 1$；图 2-29（c）中导轨由一个圆柱副和一个球体平面副构成，球体平面副的约束为 1，所以导轨中存在的过约束为 $4 + 1 - 5 = 0$。

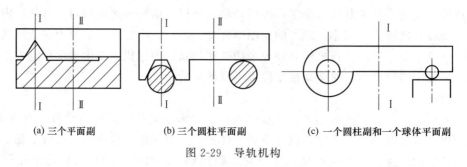

(a) 三个平面副　　　　　　(b) 三个圆柱平面副　　　　　(c) 一个圆柱副和一个球体平面副

图 2-29　导轨机构

由此可见，运动副组合不恰当将造成机构中产生过约束。过约束会造成机械装配困难，增大运动副中的摩擦与磨损，从而降低机构的使用寿命。过约束还会产生楔紧而使机构无法运动。让某些构件弹性浮动，使机构成为一个自适应系统，大大降低对构件制造精度的要求，减轻过约束所带来的不良影响，降低装配难度和生产成本，提高机构的传动性能和使用寿命。但是在很多机构中广泛存在过约束问题，例如，改善齿轮的受力；为了平衡行星轮运动时产生的离心惯性力；实现功率分流；为了用较小体积的机构实现大功率传递，行星轮系中常用几个行星轮，最终产生了过约束问题。

（2）尽量减少多副杆数量

低副两运动副元素构件之间的相对运动存在可逆性，即构成运动副的中空构件与插入构件位置调换不会影响机构的相对运动关系，但是这种位置互换可能会改变构件的受力。图 2-30（a）中构件 1 为多副杆，而构件 2、3、4 为单副杆，将机构中的滑块与导杆位置互换后，得到图 2-30（b），构件 1、4 为单副杆，而构件 2、3 变为多副杆。显然，从制造、安装和构件受力的角度看，将单副杆 2、3 变为多副杆并不是一个好的选择。因此，应尽可能地减少多副杆数量，并让强度高、刚性好的构件作为多副杆，而且最好使其作为机架，这样有利于提高机构的刚度和机构的运动精度，改善构件的受力。

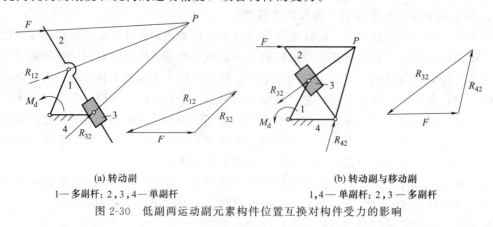

(a) 转动副　　　　　　　　　　　　　(b) 转动副与移动副

1—多副杆；2,3,4—单副杆　　　　　1,4—单副杆；2,3—多副杆

图 2-30　低副两运动副元素构件位置互换对构件受力的影响

（3）尽量使转动副位于移动副元素的直线上

对于有转动副的移动副，转动副在移动副上的位置是一个值得注意的问题。图 2-31 （a）中所示的滑块，转动副在移动副上位置的改变将直接影响到移动副中摩擦力的大小。因此，应尽量使转动副位于移动副元素的直线上，选用图 2-31 （b），从而可以减少移动副中摩擦，提高机构的传动效率。

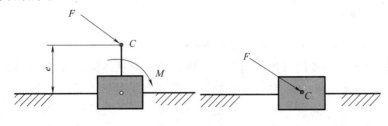

(a) 转动副在移动副上面   (b) 转动副位于移动副元素的直线上

图 2-31　低副元素位置互异对受力的影响

二、机构方案评价

机械产品的功能是通过机构将原动机的输出运动经过必要的转换实现的。在目前，尽管有多种类型的原动机，但绝大部分机械产品仍然采用能量转换效率高、运动特性好的异步电动机。所以，能够将连续转动转换为其他运动形式的机构仍然是设计者最常采用的。掌握这些常用机构的运动特性，熟悉其功能，了解其优缺点，对于设计者正确地选用或从中获得启发来创造出新的机构是十分必要的。

怎样根据具体的设计任务科学合理的选择机构是设计者在进行机构形式设计时面临的问题。为了减少选择机构的片面性、盲目性、主观性，提高设计的质量和效率，最好的办法是建立机构选择的评价技术标准和相应的评选方法。据专家的经验，可以从工作性能、运动性能、经济性能、动力性能和结构性能五个方面进行机构的评价。这五个方面的内容还可进一步细分为更具体更详细的技术指标，设计者可以用模糊评价法或评分法，对上述指标进行评分，最好根据评价结果确定首选的机构。表 2-22 以连杆机构、凸轮机构、齿轮机构为例，采用模糊评价法就上述五个方面的内容进行初步评价。

表 2-22　常用机构性能的初步评价表

评价指标	评价项目	评价		
		连杆机构	凸轮机构	齿轮机构
A 运动性能	1. 运动规律、轨迹	任意性较差,只能达到有限个精确位置	基本能任意	一般做定比传动或移动
	2. 运转速度、运动精度	较低	较高	高
B 工作性能	1. 效率高低	一般	一般	高
	2. 使用范围	较大	较小	较小
C 动力性能	1. 承载能力	较大	较小	较大
	2. 传力特性	一般	一般	较好
	3. 振动、噪声	较大	较小	较小
D 经济性能	1. 加工难易	易	难	一般
	2. 维护方便性	较方便	较麻烦	方便
	3. 能耗大小	一般	一般	一般

评价指标	评价项目	评价		
		连杆机构	凸轮机构	齿轮机构
E 结构性能	1. 尺寸	较大	较小	较小
	2. 重量	较轻	较重	较重
	3. 结构复杂性	复杂	一般	简单

若上述机构还需进一步进行评价选优，可根据机构的具体情况拟定相应的评价体系，对其中某些指标给予重视。例如，对于重载场合，应该对承载能力给予重视；对于高速场合，应该对运动振动、噪声、速度、尺寸、质量等给予关注。总之，科学的选择评价指标，建立科学的评价体系是一项十分复杂和细致的综合性工作，也是设计者面临的重大问题。所以，设计是以设计者为主体的创造性活动。评价的目的是从产品的整体利益来选择机构，机构的最终原则是为了创造出价廉质优的新产品。

三、机构创新方法

在机构设计过程中，设计者一般都是对机构的结构、形式、尺寸作一些改进，或采用几种机构共同协作来实现设计任务的各种要求，也就是对现有机构进行创造性的改造，本质上就是创新，只是设计者可能对机构创新方法缺乏明确而系统的认识。本节内容主要是对目前机构设计中已有的创新方法进行总结归纳，使设计者通过学习，学会如何对机构进行有目的地创新性改造，学会如何应用创造原理去创造新的机构。

机构创新的方法很多，机构创新也不是可以简单用几段文字就叙述清楚的，大致可以归纳为机构组合创新方法、机构变异创新方法、广义机构创新设计等方法。

（一）机构组合创新方法

为了实现某些复杂的运动要求，机械常由简单的基本机构组成。例如内燃机是由凸轮机构、连杆机构、齿轮机构等组合而成；电风扇摇头机构是由齿轮机构和连杆机构组合成的。所以，实现机械创新设计的一个重要途径是机构的组合。

机构的组合是将几个基本机构按照一定的规律或原则组成一个复杂机构。基本机构主要是指机械中最简单、最常用的一些机构，如凸轮机构、连杆机构、齿轮机构、间歇运动机构等。这些基本机构应用广泛，随着生产过程自动化程度的提高，对机构输出的动力和运动提出了更高的要求，而单一的基本机构具有一定局限性，在某些性能上不能满足要求。例如，连杆机构不能很精确的实现给定的运动规律；凸轮机构可以实现任意运动规律，但是行程小且不可调；槽轮机构、棘轮机构等有不可避免的振动、冲击，以及速度和加速度的波动；齿轮机构只能实现一定规律的连续单向转动，但不适合远距离传动。为了解决这些问题，必须进行创新设计，充分利用各种基本机构的良好性能，改善其不良特性，运用机构组合原理构造出既有良好的动力性能和良好运动，又满足工作要求的新机构。

机构的组合方式主要有串联组合方法、并联组合方法、复合组合方法、叠加组合方法4种。

1. 串联组合方法

串联组合是由两个以上的基本机构依次串联而成的，前一机构的输出构件和输出运动为后一机构的输入构件和输入运动，从而成为得到满足工作要求的机构。串联机构组合可分为

Ⅰ型串联和Ⅱ型串联，如图 2-32 所示。

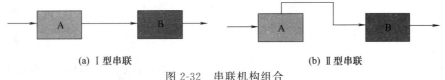

(a) Ⅰ型串联　　　　　　　　　(b) Ⅱ型串联

图 2-32 串联机构组合

（1）Ⅰ型串联机构组合

Ⅰ型串联指的是连接点设在前置机构中作简单运动的连架杆上。如图 2-33 所示的钢锭热锯机机构，其将曲柄摇杆机构 1-2-3-4 的输出件 4 与曲柄滑块（或摇杆滑块机构）4'-5-6-1 的输入件 4' 固接在一起，从而使没有急回运动特性的输出件 6 有了急回特性。

（2）Ⅱ型串联机构组合

Ⅱ型串联指的是连接点设在前置机构中作复杂运动（平面运动）的连杆上。图 2-34 所示为一个输出构件具有间歇运动特性的串联式机构组合，在铰链四杆机构 $OABD$ 中，连杆置点的轨迹上有一段近似直线，以 F 点为转动中心的导杆，在图示位置，其导向槽与 E 点轨迹的近似直线段重合，当 E 点沿直线部分运动时导杆停歇；当 E 点轨迹为曲线时，输出构件再摆动。

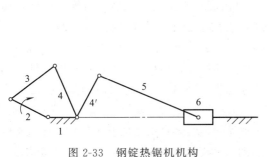

图 2-33 钢锭热锯机机构

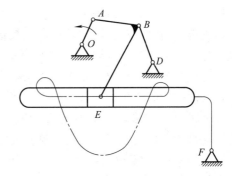

图 2-34 输出构件具有间歇运动特
性的串联式机构组合

需要注意的是：在满足设计要求的前提下，组合机构中的基本机构及基本杆组的数量应为最少。

2. 并联组合方法

并联组合是由两个或多个基本机构并列布置，具有共同的输入或输出，或两者兼有之，主要用于实现运动的合成或分解。各基本机构具有各自的输入构件，共用一个输出构件，称为Ⅰ型并联；各基本机构有共同的输入与输出构件，称为Ⅱ型并联；各基本机构有共同的输入构件，有各自的输出构件，称为Ⅲ型并联。并联式机构组合如图 2-35 所示。Ⅰ型并联组合机构相当于运动的合成，其主要功能是对输出构件运动形式的补充、加强和改善；Ⅱ型并联组合机构相当于一个运动分解为两个运动，再将这两个运动合成为一个运动输出，主要用于改善输出构件的运动轨迹和运动状态，也可用于改善机构的受力状态，使机构平衡；Ⅲ型并联组合机构相当于运动的分解，其主要功能是实现两个运动输出，而这两个运动又相互配合，完成较复杂的工艺动作，可使机构的受力状况大大改善，因而在冲床、压床机构中得到广泛的应用。图 2-36 所示的刻字、成形机构，两个凸轮机构的凸轮为两个原动件，当凸轮转动时，推杆 2、4 推动双移动副构件 3 上的 M 点走出图中的轨迹。

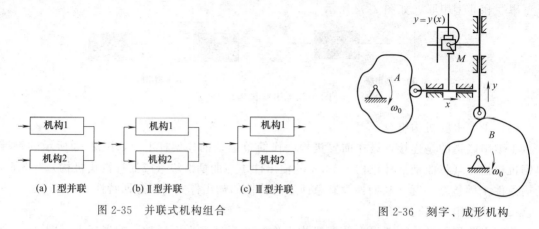

(a) Ⅰ型并联　(b) Ⅱ型并联　(c) Ⅲ型并联

图 2-35　并联式机构组合

图 2-36　刻字、成形机构

3. 复合组合方法

复合组合是一种比较复杂的机构组合形式。在复合组合中至少有一个两自由度的基本机构，如差动轮系机构组成、平面五杆机构等作为组合机构的主体，被称为基础机构 A，除了基础机构外，还有一些用来封闭或约束基础机构，其由自由度为 1 的基本机构组成，称为附加机构 B。

如图 2-37 所示，复合组合可分为并接式和反馈式。图 2-37（a）为并接式复合，它是将原动件的运动一方面传给一个单自由度的基本机构，转换成另一运动后，再传给两个自由度的基本机构，同时原动件又将其运动直接传给该两自由度基本机构，而后者将输入的两个运动合成为一个运动输出。如图 2-38 所示的凸轮-连杆机构组合是按并接复合组合而成，该机构由凸轮机构 $1'$-4-5 和两个自由度的五杆机构 1-2-3-4-5 组合而成。原动件凸轮 $1'$ 和曲柄 1固结，构件 4 为两个机构的公共构件，当原动凸轮转动时，从动件 4 移动，同时给五杆机构输入一个转角 ϕ 和移动 S_4，故此五杆机构有确定的运动，这时构件 3 上任一点如 C 便能实现比四杆机构连杆曲线更复杂的轨迹 C_x。

图 2-37（b）为反馈式复合，它是将原动件的运动先输入给多自由度的基本机构，该机构的一个输出运动经过一单自由度基本机构转换成另一运动后又反馈给原来的多自由度基本机构。如图 2-39 所示的传动误差补偿机构是按反馈式复合方式组合而成，其基础机构是蜗杆机构，附加机构是凸轮机构。等速转动的原动蜗杆带动涡轮和与涡轮固接的凸轮转动，经过凸轮机构带动从动件滑环移动，蜗杆轴也随之移动，故蜗杆具有两个自由度：一个转动和一个移动。

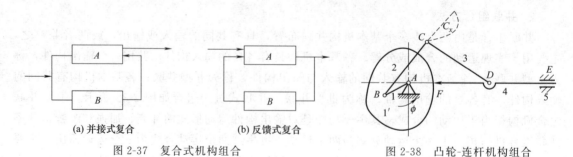

(a) 并接式复合　(b) 反馈式复合

图 2-37　复合式机构组合

图 2-38　凸轮-连杆机构组合

4. 叠加组合方法

叠加组合是将某个机构安装在另一个机构的输出构件上，最终输出的运动则是若干个叠加机构的多个自由度的复合运动。叠加组合机构分为两类：Ⅰ型叠加组合机构；Ⅱ型叠加组合机构，如图 2-40 所示。

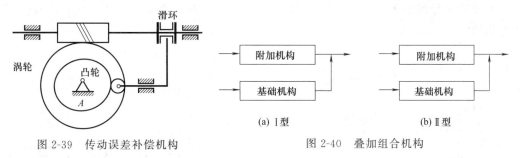

图 2-39 传动误差补偿机构

图 2-40 叠加组合机构

（1）Ⅰ型叠加组合机构

其附加机构在驱动基础机构运动的同时，也可以有自己的运动输出。如图 2-41 所示，电风扇摇头机构，带蜗杆的电动机是安装在双摇杆机构的摇杆上的，而与蜗杆啮合的涡轮是固定在双摇杆机构的连杆上的。蜗杆驱动涡轮带动连杆转动而使摇杆摆动，摆动的摇杆带动风扇摆动，实现了电风扇在一定摆角范围内摇头送风的功能。

（2）Ⅱ型叠加组合机构

其附加机构和基础机构分别有各自的动力源（或有各自的运动输入构件），最后由附加机构输出运动。装载机机构如图 2-42 所示。

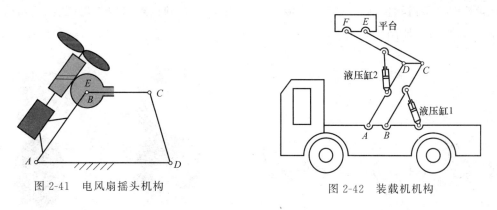

图 2-41 电风扇摇头机构

图 2-42 装载机机构

（二）机构变异创新方法

机构的变异创新方法是指通过对运动副的改造来创造具有新特点和新功能的"新"机构。可以增强运动副元素的接触强度，减小运动副元素的摩擦磨损，改善机构的运动和动力效果，改善机构的受力状态，开拓出机构新的功能。运动副的变换方式有多种，常用的有机构中运动副的尺寸变化、运动副元素的形状变换和运动副元素的接触性质变换。

1. 改变机构中运动副的尺寸

图 2-43 曲柄摇杆机构中，为了提高曲柄的强度，将 B 铰处的小销钉的半径扩大，扩大至超过曲柄长度，这时杆 1（销钉）看上去是一个"圆盘"，它与机架的转动中心仍在 A 处，杆 1 实际上成了一个偏心轮，杆 2 端部做成与圆盘配合的大套环，与杆 1 形成的转动副中心仍在圆盘几何中心 B 处，此时机构变成了圆盘曲柄滑块机构。这种结构尺寸的演化并没有影响机构的运动性质。颚式破碎机就是利用改变运动副的尺寸来提高曲柄的强度的。

2. 改变机构中运动副的形状

展直如图 2-44 所示，这两种机构都是通过改变运动副的形状，从而使运动副可以承受较大的冲击载荷。扩大 A 处转动副的尺寸，机构变成了具有偏心圆盘曲柄的机构；将 B 点的曲线导轨半径增至无穷大，则铰链 B 及滑块的运动轨迹将变为直线，机构演化成具有滑块的机构。

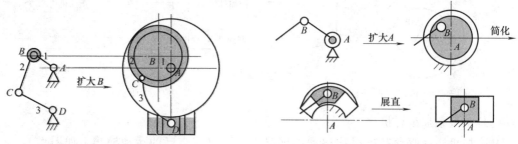

图 2-43　曲柄摇杆机构　　　　　　　　　　图 2-44　运动副展直

3. 改变机构中运动副的性质

可以从两个方面进行改变：

① 减少摩擦磨损，用滚动代替滑动（凸轮滚子从动件、滚动轴承、滚动导轨、滚动螺旋等）；用线接触代替点接触（蜗轮传动），并且在代替过程中有时会产生新机构，如图 2-45 所示。

② 提高运动副的接触强度，增大高副的点接触的曲率半径（正变位齿轮）；增长高副的线接触长度（斜齿轮传动、人字齿轮传动）；采用内凹高副接触（内齿轮啮合、内凹凸轮从动件），齿轮传动如图 2-46 所示。

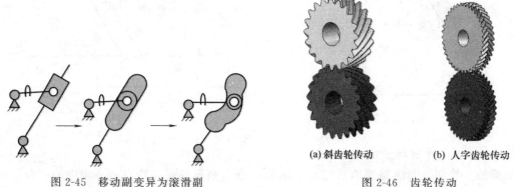

图 2-45　移动副变异为滚滑副　　　　　　　图 2-46　齿轮传动

（三）广义机构创新设计

广义机构是指利用液、气、声、光、电、磁等工作原理的机构，如液动机构、气动机构、光电机构和电磁机构等。在广义机构中，利用了一些新的工作原理和工作介质，比传统机构更方便实现动力和运动的转换，并能实现某些传动机构难以完成的复杂运动。所以，广义机构的应用已成为机构创新设计中非常有效的方法，下面介绍一些常用广义机构的特点和工作原理。

1. 液、气物理效应

利用液体、气体作为工作介质，实现能量传递和运动转换的机构，分别称为液动机构和气动机构。

（1）液动机构

液动机构与机械传动机构相比，具有以下特点：体积小、重量轻、输出功率大；易于无级调速，调速范围大；工作平稳，易于实现快速制动、启动、换向等操作，控制方便；由于液压元件具有自润滑性，机构磨损较少、寿命长；易于实现过载保护；液压元件易于标准化、系列化。如图 2-47 夹紧机构，可以缩小液压缸直径，减少所需动力。图 2-48 所示为摆动液压电机驱动的升降机构，可以实现较大的增速和行程，常用在高低位升降台等机械中。可以看出，采用液动机构的机械系统比用电动机驱动的机械系统简单。

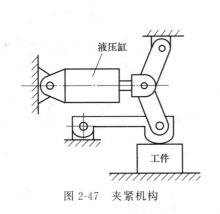

图 2-47　夹紧机构

图 2-48　升降机构

（2）气动机构

气动机构与液动机构相比，由于工作介质为空气，故易于获取和排放，不污染环境；气动机构还具有压力损失小，易于过载保护，易于系列化、标准化等优点。如图 2-49 可移动式气动通用机械手结构，由真空吸盘、水平气缸、垂直气缸、齿轮齿条副、回转气缸及小车等组成，可以在三坐标平面内工作。其工作过程：垂直气缸上升—水平气缸伸出—回转气缸转位—回转气缸复位—水平气缸退回—垂直气缸下降。该机械手一般用于薄片工件、装卸轻质，只要更换适当的手指部件，还能完成其他工作。

2. 光电、电磁物理效应

图 2-50 所示为杠杆式温度继电器机构，由摆杆和一只与之相连的涡卷形扭簧构成。涡

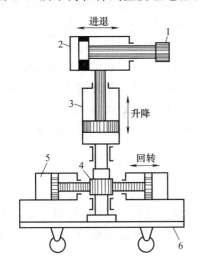

图 2-49　可移动式气动通用机械手结构

1—真空吸盘；2—水平气缸；3—垂直气缸；

4—齿轮齿条副；5—回转气缸；6—小车

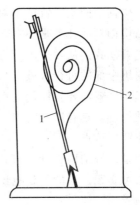

图 2-50　杠杆式温度继电器机构

1—摆杆；2—涡卷形扭簧

卷形扭簧由两种线胀系数不同的金属复合而成。由于两种金属材料受热或遇冷时线胀长度变化不一致，涡卷形扭簧受热时会松开，遇冷时会收紧，从而使与之相连的摆杆产生左、右摆动。控制涡卷扭簧的温度，就可以控制摆杆的运动。

自然界中蕴藏着巨大的自然能，巧妙、直接地利用这些能量来产生机械运动是机构创新的一个发展方向。

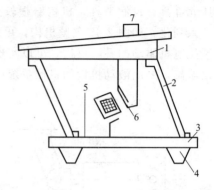

图 2-51　电磁振动送料机构
1—槽体；2—激振板簧；3—底座；4—橡胶减振弹簧；5—电磁线圈；6—衔铁；7—工件

3. 力学原理

图 2-51 所示为电磁振动送料机构，激振装置由电磁线圈 5 和衔铁 6 组成，当激振器通电后，衔铁沿图示左下和右上方向振动，振动通过激振板簧 2 放大后传给放在供料槽中的工件 7，使工件振动。振动的工件向右上方被抛起后将落在供料槽的斜上方，使工件沿供料槽向上移动一微小距离。由于供料槽倾斜角设计合理，当工件向左下方振动时，在摩擦力的作用下工件维持不动。随着供料槽的不断振动，工件就一点点地被送到供料槽的上方出料口，完成供料过程。

通过机构的创新原理和方法介绍，应从中领悟到创造性思维及其在创新实践中的重要地位。机构创新不是简单的模仿和抄袭，而是通过研究他人的成功获得启迪，并在此基础上发展。

第六节　结 构 创 新

机械结构创新的任务是在总体设计的基础上，根据所确定的原理方案，确定满足功能要求的机械结构。需要确定的内容包括结构的类型和组成，结构中所有零部件的形状、尺寸、位置、数量、材料、热处理方式和表面状况，所确定的结构除应能够实现原理方案所规定的要求外，还应能满足设计对结构的强度、刚度、精度、稳定性、工艺性、寿命、可靠性等方面的要求。结构创新是机械创新中涉及问题最多、工作量最大的工作阶段。

机械结构创新的重要特征是对于问题的多解性，即满足同一要求的机械结构并不是唯一的。机械结构创新的任务是在众多的可行结构方案中寻求较好的或最好的方案。现有的数学分析方法能够使我们从一个可行方案出发在一个单峰区间内寻求到局部最优解。但是，并不能使我们遍历全部的可行区域，找出所有的局部最优解，并从中找出全局最优解，得到最好的设计方案。这就需要发挥创造性思维方法的作用。

机械结构创新具有以下特点。

（1）实践性特点

实践性是机械结构设计创新的源泉与归宿。只有通过实践，创新的思想才能转化为现实；只有通过实践，人的创新意识和能力才能得到培养；只有通过不断的实践，才能发现设计中的问题。

（2）细节性特点

机械结构创新设计是一种细节性设计。细节的差别能导致整个产品的技术、经济性能的显著差异。结构细节决定了产品质量的高低。实际中，绝大多数机械故障、质量问题，不是因为工作原理导致的，而是错误的或不合理的结构细节所致。结构上的细节缺陷可能导致整个零件难以甚至无法制造和实现其功能。

本节将结合工程知识和创新原理两个方面来理解机械结构的创新设计。结构创新设计工程知识来源于实践，是对结构设计实践经验的归纳和总结。只有在掌握这些工程知识的条件下，灵活运用各种创新原理和创造方法，才能创造出性能更完善的产品。

一、结构方案的变异

创造性思维在机械结构设计中的重要应用之一就是结构方案的变异设计方法。它能使设计者从一个已知的可行结构方案出发，通过变换得到大量的可行方案。对这些方案中的参数进行优化，使设计者得到多个局部最优解，再通过对这些局部最优解的分析和比较，就可以得到较优解或全局最优解。变异设计的目的是寻求满足设计要求的独立的设计方案。

变异设计的基本方法是首先通过对结构设计方案的分析，得出一般结构设计方案中所包含的基本元素，然后再分析每一个元素的取值范围，通过对这些元素在各自的取值范围内的充分组合，就可以得到足够多的独立的结构设计方案。

一般机械结构的基本元素包括零件的数量、几何形状，零件的位置，零件之间的连接，零件的材料及零件的制造工艺。

1. 工作表面的变异

机械结构的功能主要是靠机械零部件的几何形状及各个零部件之间的相对位置关系实现的。

零件的几何形状由它的表面所构成，一个零件通常有多个表面，在这些表面中与其他零部件、工作介质或被加工物体相接触的表面称为功能表面。零件的功能表面是决定机械功能的重要因素，功能表面的设计是零部件设计的核心问题。通过对功能表面的变异设计，可以得到为实现同一技术功能的多种结构方案。

描述功能表面的主要几何参数有表面的形状、尺寸大小、表面数量、位置、顺序等。通过对这几个方面的变异，可以得到多组构型方案。

螺钉用于连接时需要通过螺钉头部对其进行拧紧，而变换旋拧功能面的形状、数量和位置（内、外）可以得到螺钉头的多种设计方案。图 2-52 所示有 12 种方案，其中前三种头部结构使用一般扳手拧紧，可获得较大的预紧力，但不同的头部形状所得的最小工作空间（扳手空间）不同；滚花型和元宝型的钉头可手工拧紧，使用方便；6、7、8 种方案的扳手作用在螺钉头的内表面，可使螺纹连接件表面整齐美观；最后四种分别是用"十"字形螺丝刀和"一"字形螺丝刀拧紧对应的螺钉头部形状，所需的扳手空间小，且拧紧力矩也小。螺钉头部形状的设计方案可以有很多种，但在设计新的螺钉头部形状方案时需要同时考虑拧紧工具的形状和操作方法。

在图 2-53 所示的 V 形导轨结构中，上方零件为凹形，下方零件为凸形，如图 2-53（a）所示。在重力作用下摩擦表面上的润滑剂会自然流失。如果改变凸凹零件的位置，使上方零件为凸形，下方零件为凹形，如图 2-53（b）所示，则可以有效地改善导轨的润滑状况。

图 2-54 所示为曲柄摇杆机构，若使机构中销孔尺寸变化，图 2-54（a）中的曲柄摇杆机构可演变为图 2-54（b）所示的偏心轮机构。

2. 形状变异

改变结构零件的轮廓、表面和整体形状以及改变零件的类型和规格都可以得到不同的创

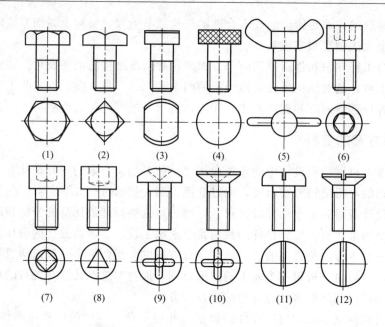

图 2-52　螺钉头功能面变型

新结构方案。

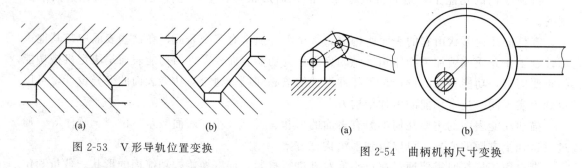

图 2-53　V 形导轨位置变换

图 2-54　曲柄机构尺寸变换

图 2-55 所示是一些具有相同功能而零件形状不同的例子。

图 2-56 所示为改善齿轮轮齿齿向载荷分布状态而采用的一种变元结构。正常齿上的载荷分布偏于轮齿的两端部分。将齿修成桶形齿后，依靠齿面受力的弹性变形使载荷沿齿宽方向分布比较均匀。

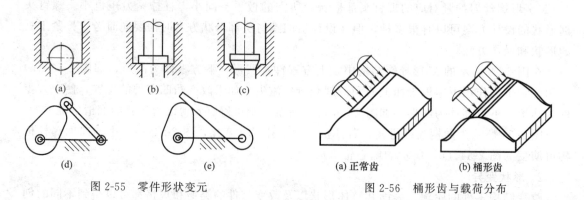

图 2-55　零件形状变元

图 2-56　桶形齿与载荷分布

一般螺栓连接受载后，各圈螺纹牙间的载荷分布是不均匀的［图 2-57（a）］。为改善螺纹牙间载荷分配不均匀的现象，可采用悬置螺母、内斜螺母、环槽螺母等结构［图 2-57（b）～（d）］。

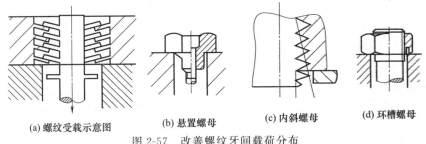

(a) 螺纹受载示意图　　　(b) 悬置螺母　　　(c) 内斜螺母　　　(d) 环槽螺母

图 2-57　改善螺纹牙间载荷分布

3. 位置变异

通过改变产品结构中基本元素之间的布置位置可创造出不同的结构方案。

如图 2-58 所示，在进行结构设计时，在不增加零件质量的前提下，合理布置受弯曲零件支承，可以提高零件结构的刚度［图 2-58（b）］。

焊缝及其影响区的动载强度一般比周围材料的强度要低，还存在内应力，因此应尽量将焊缝设置于应力水平较低的区域。如图 2-59（a）所示，当焊接两块板厚不同的零件时，因几何尺寸突变，所以在焊接区域里存在严重的应力集中。此时在结构设计时要留有过渡结构，缓解几何尺寸的突变［图 2-59（b）］。

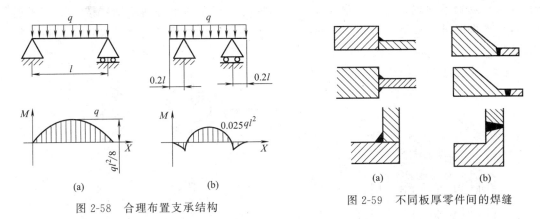

图 2-58　合理布置支承结构　　　　　图 2-59　不同板厚零件间的焊缝

4. 连接方式的变化

连接变元有两层含义：一是连接方式的变化，如螺纹连接、焊接、铆接、胶接及过盈连接等；二是对于每一种连接方式采用不同的连接结构，如图 2-60 所示。通过改变连接方式和连接结构可创造出不同的结构方案。

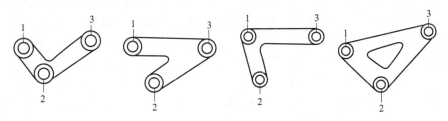

图 2-60　零件连接变元

二、结构组合创新方法

结构组合创新方法是指按照一定的技术原理，通过将两个或多个功能元素结构合并，从而形成一种具有新功能、新工艺及新材料的创新方法。结构组合创新方法有多种形式，如从组合的内容区分有功能组合、结构组合、材料组合等，从组合的方法区分有同类组合、异类组合等，从组合的手段区分有技术组合、信息组合等，现将部分常用结构组合方法简介如下。

1. 同类组合

将同一种功能或结构在一种产品上重复组合，满足人们更高的要求，这也是一种常用的创新方法。

日本松下电器公司申请的第一项专利就是带有两个相同插孔的电源插座，它是松下幸之助因为在家中与妻子同时需要使用电源插座的情况下受到的启发，虽然发明原理非常简单，但是由于它满足了大量用户的需求，因而在商业上获得了巨大的成功。

双色或多色圆珠笔上通过安装多个不同颜色的笔芯，使得有特殊需要的人减少了必须携带多支笔的麻烦。

多面牙刷将多组毛刷设计在一个牙刷上，两侧的毛刷向中间弯曲，中间的一束毛刷呈卷曲状，如图 2-61 所示。使用这种牙刷刷牙时两侧的毛刷可以包住牙的两个侧面，中间的短毛可以抵住牙齿的咬合面，可以同时将牙的内侧和外侧及咬合面刷干净。

机械传动中使用的万向联轴器可以在两个不平行的轴之间传递运动和动力。但是万向联轴器的瞬时传动比不恒定，会产生附加动载荷，将两个同样的单万向联轴器按一定方式连接，组成双万向联轴器（图 2-62），既可实现在两个不平行轴之间的传动，又可实现瞬时传动比恒定。

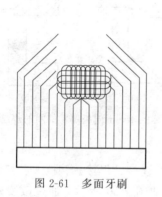

图 2-61　多面牙刷

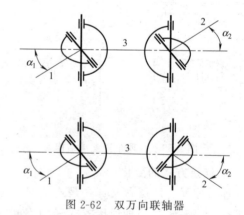

图 2-62　双万向联轴器

船舶制造中，瘦长的船身底部造型使得船的行驶阻力减小，但同时也使船的稳定性和灵活性降低。双体船的造型是将两个同样形状的瘦长船体组合成一艘船，既可减少行驶阻力又能保证船的稳定性和灵活性。

V 带传动中可以通过增加带的根数增强承载能力，如图 2-63 所示。但是随 V 带根数的增加，由于带的带长不一致，导致带与带之间的载荷分布不均加剧，使多根带不能充分发挥作用。图 2-63（b）所示的多楔带将多根带集成在一起，保证带长的一致性，提高承载能力。

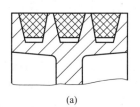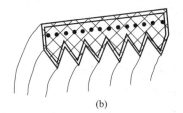

(a)　　　　　　　　　　　　　(b)

图 2-63　多根 V 带和多楔带

图 2-64 所示为组合螺钉结构，由于大尺寸螺钉的拧紧很困难，此结构在大螺钉的头部设置了几个较小的螺钉，通过逐个拧紧小螺钉可以使大螺钉产生预紧力，起到与拧紧大螺钉同样的效果。

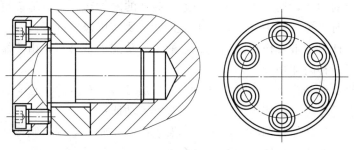

图 2-64　大尺寸螺钉预紧结构

2. 异类组合

在商品生产领域中进行创新活动的目的是用新的商品满足用户的需求，从而获得最大的商业利益。

人们在从事一些活动时经常会出现同时有多种需要，如果能够将满足这些需求的功能组合在一起，形成一种新的商品，使得人们在从事活动时不会因为缺少其中某一种功能而影响活动的进行，这将会使人们工作、学习、生活更加方便，同时商品生产者也将获得相应的利益。

例如，人们在使用螺丝刀时因被拧的螺钉头部形状、尺寸的不同，常需要同时准备多种不同形状、尺寸的螺丝刀。根据这种需求，有人发明了多头螺丝刀，即为一把螺丝刀配备多个可方便更换的头部，使用者可根据所需要的形状和尺寸很方便地随时更换合适的螺丝刀头。

人们每天都需要刷牙，刷牙时总是同时需要使用牙刷和牙膏，根据这种需求，有人将牙膏与牙刷进行组合，设计出自带牙膏的牙刷。

收音机和录音机中的些电路及大的元器件是相同的，将这两者组合，生产出的收录机的体积远低于二者的体积之和，价格也便宜许多，方便了人们的生活。

数字式电子表和电子计算器的晶体振荡器、显示器和键盘都可共用，所以现在生产的很多计算器都具有电子表的功能，很多数字式电子表也具有计算器的功能。

将多种具有切削加工的机床的功能加以组合，使其共用床身、动力、传动及电器部分功能，图 2-65 所示为将车床、铣床、钻床进行组合的多功能机床。

将冷冻箱与冷藏箱组合，使其共用制冷系统、温度

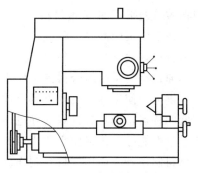

图 2-65　多功能机床

控制系统及散热系统。

有些不同商品的功能人们不会同时使用，将这些不同时使用的商品功能组合在一起，通常可以起到节省空间、方便生活的作用。

夏季人们需要使用空调，冬季则需要使用取暖器，冷暖空调将这两种功能组合在一起，既可共用散热装置和温度控制装置，又可以节省空间，节省总费用，省去季节变换时的保存工作。

白天人们需要用沙发，晚上睡觉时又需要用床，沙发床的设计将这两种功能合二为一，节省了对室内空间的占用。

老年人外出行走时需要拐杖，坐下休息时需要凳子，有一种带有折叠凳子的拐杖对于老年人外出即很方便。

3. 功能附加组合

对于有些商品的功能，通过组合为其增加一些新的附加功能，可适应更多用户的需求。

人们使用铅笔时难免写错字，一旦写了错字就需要使用橡皮进行修改。为了适应人们的这种需要，有人设计出了带有橡皮的铅笔，它的主要功能仍是书写，由于添加了橡皮使它除书写之外还具有了一种附加功能。

自行车的主要功能是代步，通过在自行车上添加货架、车筐、里程表、车灯、后视镜等附件使它同时具有了载货、测速、照明、辅助观察等功能。

家用空调器的主要功能是制冷，现在空调器生产厂在原有空调器制冷功能的基础上增加了暖风、换气、空气净化等功能，实现一机多用。

为婴儿喂奶时常需要判断奶水的温度，新生婴儿母亲因缺乏经验，判断奶水温度既费时又不准确。为解决婴儿母亲的这种需求，有人将温度计与婴儿奶瓶加以组合，生产出具有温度显示功能的婴儿奶瓶。

图 2-66 所示的多用工具将多种常用工具的功能集于一身，为旅游和出差的人员带来方便。

图 2-66 多用工具

4. 材料组合

有些应用场合要求材料具有多种特征，而实际上很难找到一种同时具备这些特征的材料，通过一些特殊工艺将多种不同材料加以适当组合，可以制造出满足需要的特殊材料。

V 带传动中要求 V 带材料具有抗拉、耐磨、易弯、价廉的特征，若使用单一材科很难同时满足这些要求，通过将化学纤维、橡胶和帆布的适当组合，人们设计出现在被普遍采用的 V 带材料。

建筑施工中需要一种抗拉、抗压、抗弯、易施工且价格便宜的材料，钢筋、水泥和砂石的组合很好地满足了这种要求。

通过锡与铅的组合得到了比锡和铝的熔点更低的低熔点合金。

供电中使用的导线要求具有导电性能好，机械强度高，容易焊接，耐腐蚀性和成本相对较低的特点，铜具有良好的导电性、耐腐蚀性，并容易焊接，但是其力学性能较差。而铁具有力学性能好、价格便宜的优点。根据这些特点，人们设计出铁芯铜线，这种导线的芯部用铁材料制作，表面用铜材料制作。高频交流电流有集肤效应，电流主要经导线的表面流过，焊接性和耐腐蚀性也主要由表面材料表现，而处于表面的铜材料正好同时具有这方面的优点。通过这种组合，充分地利用了两种材料的优点，并巧妙地掩盖了各自的缺点，满足供电系统对电线的使用要求。

5. 结构组合

按通常的结构设计方法，指甲刀应具有图 2-67（a）所示的结构。通过将多个零件的功能集中到少量零件上的组合设计方法，指甲刀改为图 2-67（b）所示结构。

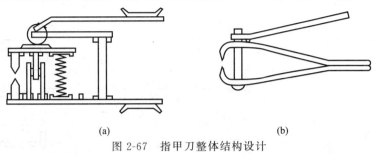

(a)   (b)

图 2-67　指甲刀整体结构设计

三、结构的宜人化

大多数机器设备均需由人操作，在早期的机械设计中设计者认为通过选拔和训练可以使人适应任何复杂的机器设备。随着设计和制造水平的提高，机器的复杂程度、工作速度及其对操作人员的知识和技能水平的要求越来越高，人们已经很难适应这样的机器，往往会由于操作不当造成越来越多的事故。通过这些事故使人们认识到不能始终要求操作者去适应机器，而应使机器的操作方法适应人的生理和心理特点，只有这样才能使操作者在最佳的生理及心理状态下工作，使人和机器所组成的人-机系统发挥最佳效能。

以下分别分析设计中考虑操作者的生理和心理特点应遵循的基本原则，它不但是进行创新结构设计的原则，同时也可为创新结构设计提供启示。对现有机械设备及工具的宜人化改进设计是创新结构设计的一种有效方法。

人在对机械的操作中通过肌肉发力对机械做功，通过正确的结构设计让操作者在操作过程中不容易发生疲劳，为其连续正确操作提供重要的前提条件。

1. 减少疲劳的设计

人体在操作时，通过肌肉的收缩对外做功，做功所需的能量物质依靠血液输送到肌肉。如果血液不能输送足够的氧，则糖会在无氧或缺氧的状态下进行不完全分解，不但释放出的能量少，而且会产生代谢中间产物——乳酸。乳酸在肌肉中积累会引起肌肉疲劳、疼痛、反应迟钝。长期使某些肌肉处于这种工作状态会对肌肉、肌膜、关节及相邻组织造成永久性损伤，机械设计应避免使操作者在这样的状态下工作。表 2-23 所示的几种常用工具改进前的形状因为使某些肌肉处于静态施力状态，不适宜长时间使用，改进后使操作者的手更趋于自然状态，减少或消除了肌肉的静态施力状况，使得长时间使用不易发生疲劳。例如曾有人对图中所示的两种钳子对操作者造成的疲劳程度做过对比试验。试验中两组各 40 人分别使用两种钳进行为期 12 周的操作，试验结果是使用直把钳的一组先后有 25 人出现腱鞘炎等症状，而使用弯把钳的一组中只有 4 人出现类似症状。

2. 容易发力的设计

操作者在操作机器时需要用力，人在处于不同姿势、向不同方向用力时发力能力差别很大。试验表明人手臂发力能力的一般规律是右手发力大于左手，向下发力大于向上发力，向内大于向外，拉力大于推力，沿手臂方向大于垂直手臂方向。人以站立姿势操作时手臂所能施加的操纵力明显大于坐姿，但是长时间站立容易疲劳，站立操作的动作精度比坐姿操作的精度低。

表 2-23   工具的改进

工具名称	改进前	改进后
夹钳		
锤子		
螺丝刀		
手锯		

脚能提供的操纵力远大于手臂的操纵力，脚产生的最大操纵力与脚的位置、姿势和施力方向均有关系。脚的施力通常为压力，脚不适于作频率高或精度高的操作。综合以上分析，在设计需要人操作的机器时，首先要选择操作者的操作姿势，一般优先选择坐姿，特别是动作频率高、精度高、动作幅度小的操作。当要施加较大的操纵力，或需要进行动作范围较大的操作，或因操作空间狭小，无容膝空间时可以选择立姿。操纵力的施加方向应选择人容易发力的方向。施力的方式应避免使操作者长时间保持一种姿势，当操作者必须以不平衡姿势进行操作时应为操作者设置辅助支撑物。

3. 减少观察错误

对复杂的机械设备，操作者要根据设备的运行状况随时对其进行调整，操作者对设备工作情况的正确判断是进行正确的调整操作的基本条件之一。

在由人和机器组成的系统中，人起着对系统的工作状况进行调节的"调节器"的作用，人的正确调节来源于人对机器工作情况的正确了解和判断，所以在人-机系统设计中使操作者能够及时、正确、全面地了解机器的工作状况是非常重要的。

操作者通过机器上设置的各种显示装置（显示器）了解机器的工作情况，其中使用最多的是作用于人视觉的视觉显示器，其中显示仪表应用最为广泛。

在进行显示仪表的设计时，应考虑操作者观察的方便性，观察后容易正确地理解仪表显示内容，这要通过正确地选择仪表的显示形式、仪表的刻度分布、仪表的摆放位置以及多个仪表的组合实现。

选择显示器形式主要应依据显示器的功能特点和人的视觉特性，试验表明人在认读不同形式的显示器时正确认读的概率差别较大，试验结果见表 2-24 所示。

表 2-24   不同形式刻度盘的误读率比较

	开窗式	圆形	半圆形	水平直线	垂直直线
刻度盘形式					
误读率	0.5%	10.9%	16.6%	27.5%	35.5%

通常在同一应用场合应选用同一形式的仪表，同样的刻度排列方向，以减少操作者的认读障碍。仪表的刻度排列方向应符合操作者的认读习惯，圆形和半圆形应以顺时针方向为刻度值增大方向，水平直线式应以从左到右的方向为刻度值增大方向，垂直直线式应以从下到上的方向为刻度值增大方向。

4. 减少操作错误

人在了解机器工作状况的前提下通过操作对机器的工作进行必要的调整，使其在更符合操作者意图的状态下工作。人通过控制器对机器进行调整，通过反馈信息了解调整的效果。控制器的设计应使操作者在较少视觉帮助或无视觉帮助下能够迅速、准确地分辨出所需的控制器，在正确了解机器工作状况的基础上对机器做出适当的调整。

应使操作者分辨出所需的控制器。在机器拥有多个控制器时要使操作者迅速准确地分辨出不同的控制器就要使不同的控制器的某些属性具有明显的差别。常被用来区别不同控制器的属性有形状、尺寸、位置、质地等，控制器手柄的不同形状常被用来区别不同的控制器。由于触觉的分辨能力差，不易分辨细微差别，所以应使形状差别较明显，但各种形状不宜过分复杂。如图 2-68 所示的 16 种（分三组）应用于不同场合的旋钮形状，其中（a）组可应用于作 360°连续旋转的旋钮，旋钮的旋转角度不具有重要的意义；（b）组用于调节范围不超过 360°的旋钮，旋钮的旋转角度也不具有重要的意义；（c）组用于调节范围不宜超过 360°的旋钮，旋钮的偏转位置可向操作者提供重要信息。

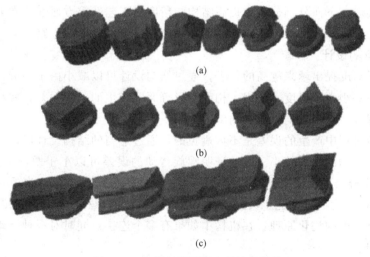

(a)

(b)

(c)

图 2-68 应用于不同场合的旋钮形状

通过控制器的大小来分辨不同的控制器也是一种常用的方法。为能准确地分辨出不同的控制器，应使不同的控制器之间的尺寸差别足够明显。试验表明旋钮直径差为 12.5mm，厚度差为 10mm 时，人能够通过触觉准确地分辨。

控制器的操作应有一定的阻力，操作阻力可以为操作过程提供反馈信息，确定操作过程的稳定性和准确性，并可防止因无意碰撞引起的错误操作。操作阻力的大小应根据控制器的类型、位置、施力方向及使用频率等因素合理选择。

为减少操作错误，控制器的设计还要考虑与显示器的关系。通常控制器与显示器配合使用，控制器与所对应的显示器的位置关系应使操作者容易辨认。有人进行过这样的试验，在灶台上放置 4 副灶具，在控制面板上并排放置 4 个灶具开关，当灶具与开关以不同方式摆放时，使用者出现操作错误的次数有明显差别。试验方法如图 2-69 所示，每种方案各进行 1200 次试验，方案（a）的误操作次数为零，其余三种方案的误操作次数分别为：（b）方案 76 次，（c）方案 116 次，（d）方案 129 次。试验同时还显示了操作者的平均反应时间与错误操作次数具有同样的顺序关系。根据控制器与显示器位置一致的原则，控制器与相应的显示器应尽量靠近，并将控制器放置在显示器的下方或右方。控制器的运动方向与相对应的显示器的指针运动方向的关系应符合人的习惯模式。

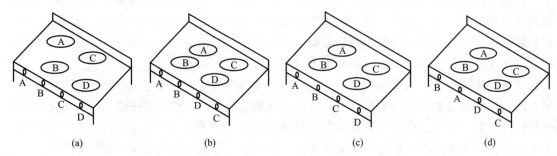

(a)   (b)   (c)   (d)

图 2-69 控制器与控制对象相对位置关系对比试验

四、提高性能的设计

机械产品的性能不但与原理设计有关，结构设计的质量也直接影响产品的性能，甚至影响产品功能的实现。下面分别分析为提高结构的精度、工艺性等方面性能常采用的设计方法和设计原则，通过这些分析可以对结构的创新设计提供可供借鉴的思路。

1. 提高精度的设计

现代设计对精度提出越来越高的要求，通过结构设计可以减小由于制造、安装等原因产生的原始误差，减小由于温度、磨损、构件变形等原因产生的工作误差，减小执行机构对各项误差的敏感程度，从而提高产品的精度。

制造和安装过程中产生的误差是不可避免的，通过适当的结构设计可以在原始误差不变的情况下使执行机构的误差较小。试验证明螺旋传动的误差可以小于螺杆本身的螺距误差。图 2-70 所示为千分尺的测量误差与其螺距误差的对比图，图 2-70（a）为千分尺的累积测量误差，图 2-70（b）为通过万能工具显微镜测得的该千分尺螺杆的螺距累积误差。这一试验说明了关于机械精度的均化原理：在机构中如果有多个连接点同时对一种运动起限制作用，

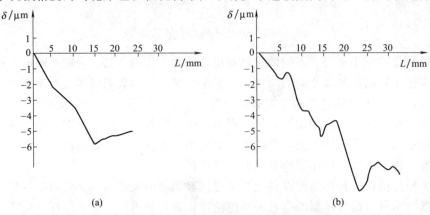

(a)   (b)

图 2-70 千分尺测量误差与其螺距误差的对比

则运动件的运动误差决定于各连接点的综合影响，其运动精度高于一个连接点的限制作用。在一定条件下增加螺旋传动中起作用的螺纹圈数，使多圈螺纹同时起作用，不但可以提高螺旋传动的承载能力和耐磨性，而且可以提高传动精度。

在机械传动系统中，各级传动件都会产生运动误差，传动件在传递必要的运动的同时也不可避免地将误差传递给下一级传动件。在如图 2-71 所示的多级机械传动系统中，假

$$\omega_1 \xrightarrow{\quad} \boxed{\begin{array}{c} i_1 \\ \text{I} \end{array}} \xrightarrow{\omega_2} \boxed{\begin{array}{c} i_2 \\ \text{II} \end{array}} \xrightarrow{\omega_3} \boxed{\begin{array}{c} i_3 \\ \text{III} \end{array}} \xrightarrow{\omega_4}$$

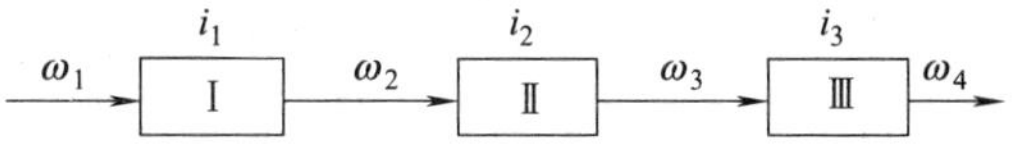

图 2-71　多级机械传动系统

设各级的运动误差分别为 δ_1、δ_2、δ_3，输入运动为 ω_1，输出运动为：

$$\omega_4 = \frac{\omega_1}{i_1 i_2 i_3} + \frac{\delta_1}{i_2 i_3} + \frac{\delta_2}{i_3} + \delta_3$$

其中第一项是传动系统需要获得的运动，其余三项为运动误差。通过对误差项的分析可见各误差项对总误差的影响程度不同，如果传动系统为减速传动（$i > 1$），则最后一级传动所产生的运动误差对总误差影响最大，所以在以传递运动为主要目的的减速传动系统设计中通常将最后一级传动件的精度设计得较高；反之在加速传动系统（$i < 1$）中第一级传动所产生的传动误差对总误差影响最大，在这样的传动系统中通常将第一级传动件的精度设计得较高。

在机械结构工作过程中会由于温度变化、受力、磨损等因素使零部件的形状及相对位置关系发生变化，这些变化也常常是影响机械结构工作精度的原因。温度变化、受力后的变形和磨损等过程都是不可避免的，但是好的结构设计可以减少由于这些因素对工作精度造成的影响。在图 2-72 所示的两种凸轮机构设计中，凸轮和移动从动件与摇杆的接触点都会不可避免地发生磨损，图 2-72（a）的结构使得这两处磨损对从动件的运动误差的影响相互叠加，而图 2-72（b）的结构则使得这两处磨损对从动件的运动误差的影响互相抵消，从而提高了机构的工作精度。

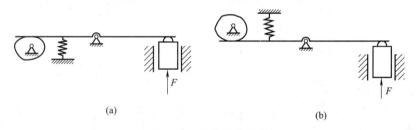

(a)　　　　　　　　　　　　　(b)

图 2-72　凸轮机构设计

2. 提高结构工艺性的设计

设计的结果要通过制造、安装、运输等过程实现，机械设备使用过程中还要多次对其进行维修、调整等操作，正确的结构设计应使这些过程可以进行，并且使这些过程方便、顺利地进行。

大量的零件要经过机械切削加工工艺过程，多数机械切削加工过程首先要对零件进行装卡。结构设计要根据机械切削加工机床的设备特点，为装卡过程提供必要的夹持面，夹持面的形状和位置应使零件在切削力的作用下具有足够的刚度，零件上的被加工面应能够通过尽量少的装卡次数得以完成。如果能够通过一次装卡对零件上的多个相关表面进行加工，这将有效地提高加工效率。

在图 2-73 所示的顶尖结构中，图 2-73（a）结构只有两个圆锥表面，用卡盘无法装卡；在图 2-73（b）的结构中增加了一个圆柱形表面，这个表面在零件工作中不起作用，只是为

了实现工艺过程而设置的，这种表面称为工艺表面。

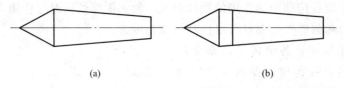

图 2-73　顶尖结构

在图 2-74 所示的轴结构中，图（a）将轴上的两个键槽沿周向成 90°布置，这两个键槽必须两次装卡才能完成加工；图（b）的结构中将两个键槽布置在同一周向位置，使得可以一次装卡完成加工，方便了装卡，提高了加工效率。

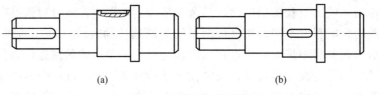

图 2-74　减少装卡次数的设计

图 2-75 所示为立式钻床的床身结构，床身左侧为导轨，需要精加工，床身右侧没有工作表面，不需要切削加工。在图 2-75（a）的结构中没有可供加工导轨工作表面使用的装卡定位表面；在图 2-75（b）的结构中虽然设置了装卡定位表面，但是由于表面过小，用它定位装卡在加工中不能使零件获得足够的刚度；在图 2-75（c）的结构中增大了定位面的面积，并在上部增加了工艺脐，作为定位装卡的辅助支撑，由于工艺脐在钻床工作中没有任何作用，通常在加工完成后将其去除。

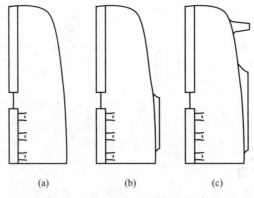

图 2-75　立式钻床的床身结构

切削加工所要形成的几何表面的数量、种类越多，加工所需的工作量就越大，结构设计中尽量减少加工表面的数量和种类是一条重要的设计原则。

例如齿轮箱中同一轴系两端的轴承受力通常不相等，但是如果将两轴承选为不同型号，两轴承孔成为两个不同尺寸的几何表面，加工工作量将加大。为此通常将轴系两端轴承选为相同型号。如必须将其选为不同尺寸的轴承时可在尺寸较小的轴承外径处加装套杯。

图 2-76（a）所示的箱形结构顶面有两个不平行平面，要通过两次装卡才能完成加工；图 2-76（b）将其改为两个平行平面，可以一次装卡完成加工；图 2-76（c）将两个平面改为平行而且等高，可以将两个平面作为一个几何要素进行加工。

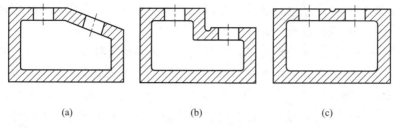

(a)　　　　　　　(b)　　　　　　　(c)

图 2-76　减少加工面的种类和数量

　　加工好的零部件要经过装配才能成为完整的机器，装配的质量直接影响机器设备的运行质量，设计中是否考虑装配过程的需要也直接影响装配工作的难度。

　　图 2-77（a）所示的滑动轴承右侧有一个与箱体连通的注油孔，如果装配中将滑动轴承的方向装错将会使滑动轴承和与之配合的轴得不到润滑。由于装配中有方向要求，装配人员就必须首先辨别装配方向，然后进行装配，这就增加了装配工作的工作量和难度。如改为图 2-77（b）结构则零件成为对称结构，虽然不会发生装配错误，但是总有一个孔实际并不起润滑作用。如改为图 2-77（c）的结构，增加环状储油区，则使所有的油孔都能发挥润滑作用。

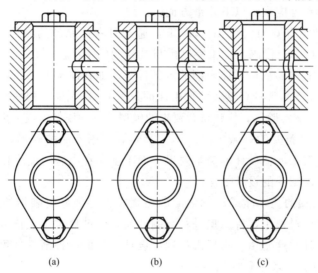

(a)　　　　　　　(b)　　　　　　　(c)

图 2-77　降低装配工作难度的结构设计

第七节　反求工程与创新

一、概述

1. 反求工程的定义

　　一般情况下，有两种创新方式。第一种从无到有，完全凭借基本知识、思维、灵感与丰富的经验。第二种是从有到新，借助已有的产品、图样、音像等已存在的可感观的实物，创新出更先进、更完美的产品。反求工程就属于第二种创新方式。

　　反求工程这一术语起源于 20 世纪 60 年代，反向推理，属于逆向思维体系。它以社会方法学为指导，以现代设计理论、方法、技术为基础，运用各种专业人员的工程设计经验，知识和创新思维,对已有的产品进行解剖、分析、重构和再创造,在工程设计领域它具有独特的内涵,可以说它是对设计的设计。

它综合了测量技术、数据处理技术、图形处理技术和加工技术,随着计算机技术的飞速发展和单元技术的逐渐成熟,近年来在新产品设计开发中得到愈来愈多的应用,因为在产品开发过程中需要以实物(样件)作为设计依据或作为最终验证依据时尤其需要应用该项技术,所以在汽车、摩托车的外形覆盖件和内装饰件的设计、家电产品外形设计、艺术品复制中对反求工程技术的应用需求尤为迫切。

2. 反求工程的应用

反求工程是近年来发展起来的消化、吸收和提高先进技术的一系列分析方法及应用技术的组合,其主要目的是为了改善技术水平,提高生产率,增强经济竞争力。世界各国在经济技术发展中,应用反求工程消化吸收先进技术经验,给人们有益的启示。据统计,各国70%以上的技术源于国外,反求工程作为掌握技术的一种手段,可使产品研制周期缩短40%以上,极大提高了生产率。因此研究反求工程技术,对我国国民经济的发展和科学技术水平的提高,具有重大的意义。

反求工程技术大致可应用于以下几个方面。

① 在缺少图纸及没有 CAD 模型的情况下,通过对零件原形的测绘,形成图纸或模型,并由此生成数控加工的 NC 代码,加工复制出与其相同的零件。

② 当设计需要通过实验测试才能定型的零部件时,如在航空航天领域,为满足产品对空气动力学的要求(这类产品常具有复杂的自由曲面外形),首先要在初始模型的基础上,经过多次各种性能测试如风洞实验等,构建符合要求的模型,这种模型将成为反求其模具的依据。

③ 在美学设计特别重要的领域,如汽车、家电等民用产品的外形设计,广泛采用真实比例的木制或泥塑模型来评估设计的美学效果,而不采用在电脑上缩小比例的物体透视图的方法,这同样属于反求工程的设计方法。

④ 应用于修复破损的艺术品或缺乏供应的被损零件,如修复破损的雕像、雕刻及艺术造型等。此时并不需要对整个零件原型进行复制,而是借助反求工程技术抽取零件原形的设计思想以指导新的设计。这是由实物反求推理出设计思想的一种渐近过程。

如图 2-78 为常见的反求工程应用举例。

飞机逆向造型

车灯逆向造型图

发动机汽缸逆向造型

电动工具逆向造型

叶片扫描造型图

模具扫描造型图

玩具公仔逆向造型

压铸件抄数造型

图 2-78 常见的反求工程应用举例

3. 反求工程技术现状

反求工程技术是 20 世纪 80 年代初由美国 3M 公司、日本名古屋工业研究所和美国 UVP 公司共同提出并研制开发的技术。在激烈的市场竞争中，这项技术早已被先进工业国家有远见的企业所采用。进入 90 年代，反求工程技术为大幅度缩短新产品开发周期发挥了重要作用。

近年来，我国在国家自然科学基金资助下，有关单位的 CIMS 国家重点实验室对反求工程测量方法等进行了广泛、深入的研究并取得了一定的成果。

反求工程设计技术的应用使制造业取得了重大的经济效益，国际上汽车工业 4 年完成一次重大改造，家电行业 1 年内即可开发出多种类型的产品。因此，其应用前景极为广阔。

二、反求流程

图 2-79 为反求工程的流程图。反求工程通常分为反求和再设计两个阶段。其中，反求阶段包括前期准备及反求分析。通过对反求对象相关信息的分析，明确其关键功能与关键技术，对其设计特别之处和不足之处都作出评估。该阶段对反求工程是否能够顺利进行并取得成功至关重要。

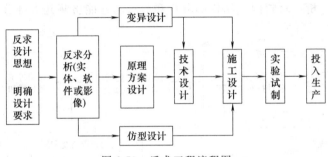

图 2-79　反求工程流程图

再设计阶段包括原理方案设计、技术设计、施工设计、仿型设计、变异设计等内容，在分析阶段的基础上，对反求对象进行再设计工作，包括对样本模型的测量规划、模型的重构、改进设计等过程。其具体任务包括：

① 根据分析结果和实物模型各元素之间的关系，制订零件的测量规划，确定实物模型测量的工具设备，确定测量的顺序和精度等；

② 对测量数据进行修正，尽量减少在测量过程中不可避免的测量误差，修正的内容应包括剔除测量数据中的坏点、修正测量值中明显不合理的测量结果、按照探求到的各元素之间关系修正其几何空间位置等；

③ 按照修正后的测量数据以及反求对象的几何元素之间的拓扑关系，利用 CAD 系统重构反求对象的几何模型；

④ 在充分分析反求对象功能的基础上，对产品模型进行再设计，根据实际需要在结构和功能等方面进行必要的创新和改进。

完成反求设计后，按照产品的通常制造方法，完成反求产品的制造。检测产品是否满足设计要求，如有需要则返回反求或再设计阶段进行重新修改和设计。

三、反求对象分析

反求工程技术的研究对象多种多样，所包含的内容也比较多，主要包括指导思想、材料、结构形状与尺寸参数、精度、造型、工艺与装配、功能原理、系列化和模块化。

1. 指导思想

原产品设计的指导思想是分析了解整个产品设计的前提。如微型汽车的消费群体是普通百姓，其设计的指导思想是在满足一般功能的前提下，尽可能降低成本，所以结构上通常是较简化的。

探索原产品原理方案的设计，各种产品都是按指定的使用要求设计的，而满足同样要求的产品，可能有多种不同的形式，所以产品的功能目标是产品设计的核心问题。产品的功能概括而论是能量、物料信号的转换。例如，一般动力机构的功能通常是能量转换，工作机通常是物料转换，仪器仪表通常是信号转换。不同功能目标，可引出不同的原理方案。

2. 材料

确定产品中零件的材料通过零件的外观比较、重量测量、力学性能测定、化学分析、光谱分析、金相分析等试验方法，对材料的物理性能、化学成分、热处理等情况进行全面鉴定，在此基础上，遵循立足国内的方针，考虑资源及成本，选择合适的国产材料，或参照同类产品的材料牌号，选择满足力学性能及化学性能的国有材料代用。对反求对象材料的分析包括了材料成分的分析、材料组织结构的分析和材料的性能检测几大部分。材料性能检测流程如图 2-80 所示。

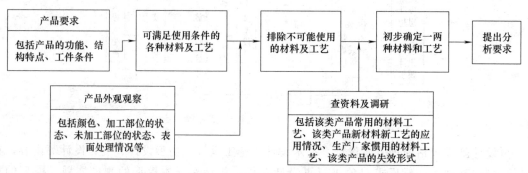

图 2-80　材料性能检测流程

3. 结构形状与尺寸参数

既是一个分析过程，也是一个实际测绘过程，反求中包含有实物测量、数据处理、误差分析等内容。对产品的性能、成本、寿命、可靠性有极大的影响。是反求设计中工作量很大的工作。

4. 精度

确定产品中零件的精度（即公差设计），是反求工程中的难点之一。通过测量，只能得到零件的加工尺寸，而不能获得几何精度的分配。精度是衡量反求对象性能的重要指标，是评价反求产品质量的主要技术参数之一。科学合理地进行精度分配，对提高产品的装配精度和力学性能至关重要。

5. 造型

产品造型设计是产品设计与艺术设计相结合的综合性技术。其主要目的是运用工业美学、产品造型原理、人机工程学原理等对产品的外形造型、色彩设计等进行分析，以提高产品的外观质量和舒适方便程度。例如，在数控系统的设计中，就要充分考虑到数控系统的显示器的布局问题，图形和汉字显示问题，数控系统操作面板的造型和色彩问题，各个功能操作按键的造型、色彩、布局及操作的方便性问题等。

6. 工艺与装配

装配工艺是规定产品或部件装配规程和操作方法等的工艺文件，是制订装配计划和技术准备，指导装配工作和处理装配工作问题的重要依据。它对保证装配质量，提高装配生产效率，降低成本和减轻工人劳动强度等都有积极的作用。在缺乏制造原型产品的先进设备与先进工艺方法和未掌握某些技术技巧的情况下，对反求对象工艺分析通常采用以下几种常用的方法。

① 采用反判法编制工艺规程。以零件的技术要求如尺寸精度、形位公差、表面质量等为依据，查明设计基准，分析关键工艺，优选加工工艺方案，并依次由后向前递推加工工序，编制工艺规程。

② 改进工艺方案，保证引进技术的原设计要求。在保证引进技术的设计要求和功能的前提条件下，局部地改进某些实现较为困难的工艺方案。

③ 用曲线对应法反求工艺参数。先将需分析的产品的性能指标或工艺参数建立第一参照系，以实际条件建立第二参照系，根据已知点或某些特殊点把工艺参数及其有关的量与性能的关系拟合出一条曲线，并按曲线的规律适当拓宽，从曲线中找出相对于第一参照系性能指标的工艺参数，即是需求的工艺参数。

④ 材料国产化，局部改进原型结构以适应工艺水平。由于材料以及工艺对加工方法的选择起决定性作用，所以，在无法保证使用原产品的制造材料时，或在使用原产品的制造材料后，工艺水平不能满足要求的情况下，可以使用国产化材料，以适应当前的工艺水平。

对反求对象装配分析，应主要考虑：用什么装配工艺来保证产品的性能要求，能否将原产品的若干个零件组合成一个部件，如何提高装配速度等。

7. 功能原理

实物的功能、原理分析通常是将其总功能分解成若干简单的功能元，用若干个执行机构来完成分解所得的执行动作，再进行组合，即可获得产品运动方案的多种解。

8. 系列化和模块化

系列化，是指对同一类产品的结构形式和主要参数规格进行科学规划的一种标准化形式。系列化是标准化的高级形式。系列化通过对同类产品发展规律研究，预测市场需求，将产品的形式、尺寸等做出合理的安排和规划，其目的是使某一类产品系统的结构优化，功能达到最佳。产品系列化包括制定产品参数系列标准、编制系列型谱和开展系列设计三个方面的内容。

模块化，就是将产品的某些要素组合在一起，构成一个具有特定功能的子系统，将这个子系统作为通用性的模块与其他产品要素进行多种组合，构成新的系统，产生多种不同功能或相同功能、不同性能的系列产品。

四、反求研究方法

根据反求对象不同，一般可将反求工程分为三种：实物反求法、软件反求法、影像反求法。

（一）实物反求法

实物反求法的研究对象为引进的比较先进的设备或产品实物，其目的是通过对产品的设计原理、结构、材料、工艺装配等进行分析研究，研制开发出与被分析产品功能、结构等方面相似的产品。实物反求法是认识产品—再现产品—超越原产品的过程。

根据反求对象的不同，实物反求可分为三种：

① 整机反求：反求对象是整台机器或设备。

② 部件反求：反求对象是组成机器的部件。反求的部件一般是产品中的重点或关键部

件，也是各国进行技术控制的部件。

③ 零件反求：反求对象是组成机器的基本制造单元。反求的零件一般也是产品中的关键零件。

实物反求法具有以下特点：

① 具有直观、形象的实物，有利于形象思维；

② 可对产品的功能、性能、材料等直接进行试验及分析，以获得详细的设计参数；

③ 可对产品的尺寸直接进行测绘，以获得重要的尺寸参数；

④ 缩短了设计周期，提高了产品的生产起点与速度；

⑤ 引进的产品就是新产品的检验标准，为新产品开发确定了明确的赶超目标。

实物反求法的流程主要包含以下内容。

1. 准备阶段

针对产品：收集国内外同类产品的设计、使用、试验、研究和生产技术等方面的资料，通过分析比较，了解同类产品及其主要部件结构、性能参数、技术水平、生产水平和发展趋势。

针对企业：对国内企业（或本企业）进行调查，了解生产条件、生产设备、技术水平、工艺水平、管理水平及原有产品等方面的情况，以确定是否具备引进及进行反求设计的条件。

2. 原型实物

收集反求对象的原始资料和相关资料。原始资料包括与原型实物直接相关的资料，例如说明书、维修维护手册、配件目录等；相关材料就是实物涉及的一些相关要求等，例如分解与装配方法、公差测量测绘方法、标准等。

3. 性能测试

在对样机分解前，需对其进行详细的性能测试，通常有运转性能、整机性能、寿命、可靠性等，测试项目可视具体情况而定。

在进行性能测试时，把实际测试与理论计算结合起来，即除进行实际测试外，对关键零部件从理论上进行分析计算，为自行设计积累资料。

4. 功能原理分析

实物的功能原理分析通常是将其总功能分解成若干简单的功能元，用若干个执行机构来完成分解所得的执行动作，再进行组合，即可获得产品运动方案的多种解。

5. 分解

对样机进行分解，以便准确而方便地进行零件尺寸的测量、表面状况的分析及制定技术要求。实物分解时一般要遵循以下基本原则：

① 遵循能"恢复原机"的原则；

② 分解的零部件进行编号；

③ 拆后不易调整复位的零件、过盈配合的零件和一些不可拆连接，一般不进行分解；

④ 分解过程中要做好分解记录。

实物分解一般包含三个内容：

① 拍照并绘制外轮廓图，并标注相应的尺寸，包括总体尺寸（实物长、宽、高三个方向的最大尺寸）、安装尺寸（即部件与其他机件或整机安装时的相关尺寸）和运动零件极限尺寸（即在外部暴露着的运动件的极限尺寸和位置的记载）。

② 将机器分解成各部件。在拆卸前，应先画出装配结构示意图或机动示意图。且在拆卸过程中应不断改正和补充，特别要注意零件的作用和装配关系。

③ 将各部件分解成零件。将分解的零件归类、记数、编号并保管好。

6. 绘制草图

测绘时要基本按比例画出零件草图，然后标注测量尺寸。测量尺寸时要注意以下问题：

① 必须正确使用测量工具、仪器。

② 测量零件上的一般尺寸时（如未加工的表面尺寸），应将所测尺寸数值按标准化数列进行圆整。

③ 在测量零件的重要相对位置尺寸时（如孔间距等），应使用精密量具，并对所测尺寸进行必要的计算、核对，不应随意圆整。

④ 对于零件标准化的结构（如锥度、螺纹、退刀槽、键槽、倒角、圆角等），应将测得的数值按标准取为标准值。

⑤ 对具有配合关系的零件，其配合表面的基本尺寸应取得一致，并按公差配合标准查出偏差值予以标注。

⑥ 测量具有复杂形面的零件（如汽轮机叶片、凸轮廓线等）时，要边测量边画放大图，以检查测量中出现的问题，及时修正测量结果。

⑦ 对于零件上磨损或损坏部分的结构形状和尺寸，应参考与其相邻的零件形状和相应尺寸或有关技术资料给予确定。

⑧ 有些不能直接测量到的尺寸，要根据产品性能、技术要求、工作范围等条件，通过分析计算求出来。

7. 测量并确定尺寸和公差

实测尺寸不等于原设计尺寸，需要从实测尺寸推论出原设计尺寸。假设所测的零件尺寸均为合格尺寸，则实测值一定是图样上规定的公差范围内的某一数值，即零件的制造误差与测量误差之和必定小于或等于给定的公差。

（1）尺寸公差的确定

由于实测值是知道的，基本尺寸可以计算出来，因此二者的差值是可求的，再由二者的差值查阅公差表，并根据基本尺寸选择精度，按二者差值小于或等于所对应公差的一半的原则，最后确定出公差的精度等级和对应的公差值。

（2）形位公差的确定

形位公差的选用和确定可参考国家标准。形位公差在具体选用时应考虑以下原则：

① 确定同一要素上的形位公差值时，形状公差值应小于位置公差值。

② 圆柱类零件的形状公差值（轴线的直线度除外），一般情况下应小于其尺寸公差值。

③ 形位公差值与尺寸公差值相适应。

④ 形位公差值与表面粗糙度相适应。

⑤ 选择形位公差时，应对各种加工方法出现的误差范围有一个大概的了解，以便根据零件加工及装夹情况提出不同的形位公差要求。

⑥ 参照验证过的实例，采用与现场生产的同类型产品图纸或测绘样图进行对比的方法来选择形位公差。

最后需要确定表面粗糙度，可用粗糙度仪较准确地测量出来，再根据零件的功能、实测值、加工方法，参照国家标准，选择出合理的表面粗糙度。

8. 画零件图

根据前面确定内容，绘制细致零件图。绘制零件图的重点和难点是关键零件的绘制。在进行实物反求设计时，要找出这些关键零件。不同的机械设备，其关键零件也不同。要根据具体情况确定关键零件。

9. 工艺分析

包括材料的成分分析、组织结构分析、材料的工艺分析和热处理及表面处理。

① 材料的成分分析，就是材料含有的多种元素，每种元素的含量。常用的分析方法有鉴别法、音质判别法、原子发射光谱分析法、红外光谱分析法、化学成分分析法等。

② 材料的组织结构分析，指材料的宏观组织结构和微观组织结构分析。进行材料的宏观组织结构分析时，可用放大镜观察材料的晶粒大小、淬火硬层的分布、缩孔缺陷等情况。利用显微镜可观察材料的微观组织结构。

③ 材料的工艺分析，指材料的成形方法的工艺分析。最常见的工艺有锻造、挤压、焊接、机加工以及热处理等。

④ 热处理及表面处理，在确定零件热处理等技术要求时，一般应设法对实物有关这方面的原始技术条件（如硬度等）进行识别测定。

10. 应用举例

例如，在航天航空领域，为了满足产品对空气动力学等要求，首先要求在初始设计模型的基础上经过各种性能测试（如风洞实验等）建立符合要求的产品模型，这类零件一般具有复杂的自由曲面外形，最终的实验模型将成为设计这类零件及反求其模具的依据。著名的苏-27歼击机的研制就是依靠此法。1969 年，苏联决定以美国的 F-15 为目标机进行新一代歼击机的研制，到 1990 年苏-27 正式装备部队，前后用了 21 年时间。其间出现过 4 次失败，有 2 架试验样机在试飞时坠毁，1 架在空中解体，1 架在试飞时失去大部分外翼和垂尾，直接经济损失达数亿美元。但这几次失败为苏-27 的改进和最后成功提供了宝贵的资料。

在机械工程领域，不仅要研究同行的先进技术还要了解竞争对手的水平和动向。美国著名的寇明斯发动机公司为了了解我国柴油机的水平，就曾引进我国的 135 系列柴油机进行了反求研究，从他们对其轴瓦材料和工艺分析的研究报告中可以看出几乎已经掌握了该柴油机的技术秘密。

（二）软件反求法

软件反求指的是以与设计、研制、生产制造有关的技术资料和技术文件等为研究对象，通过对所引进的技术软件的分析、研究，提高本国在该产品技术上的设计、生产制造能力的反求工程技术。

软件反求法与实物反求法相似，以"实物—原理—功能—三维重构—再设计"框架进行工作，其中最重要的是根据原始物理模型转化为工程设计概念或产品数字化模型。通过三维重构建模可以全面地理解原型的设计思路，发现其优缺点，增加反求设计产品及工程的可靠性，完成基于数字化模型的产品优化设计，达到进一步改进原型设计的目的。

例如，在生物医学工程领域，采用反求工程技术，摆脱原来的以手工或者按标准制定为主的落后制造方法。通过定制人工关节和人工骨骼，保证重构的人工骨骼在植入人体后无不良影响；在牙齿矫正中，根据个人制作牙模，然后转化为 CAD 模型，经过有限元计算矫正方案，大大提高矫正成功率和效率；通过建立数字化人体几何模型，可以根据个人定制特种服装，如宇航服、头盔等。

目前主流应用软件有：ImagewareSurfaeer、Geomagic Studio、CopyCAD、RapidForm、Ug 等。

软件反求的内容如图 2-81 所示，其流程可参考以下步骤：

① 论证软件反求的必要性，包括对引进对象做市场调研及技术先进性、可操作性论证等；

② 论证软件反求成功的可能性，并非所有的技术软件都能反求成功；

③ 分析原理方案的可行性、技术条件的合理性；

④ 分析零部件设计的正确性、可加工性；

⑤ 分析整机的操作、维修的安全性和便利性；

⑥ 分析整机综合性能的优劣。

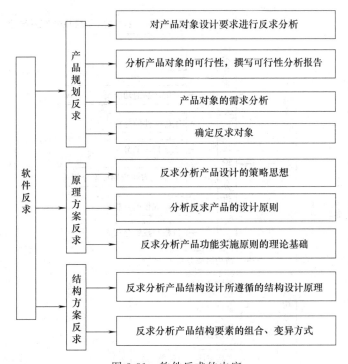

图 2-81 软件反求的内容

（三）影像反求法

影像反求设计是根据产品的照片、图片等为参考资料，进行产品反求设计的现代设计方法。由于当今照相技术的飞速发展，据统计约有 80％的产品样本图形是直接采用产品照片或参照照片绘制而成。

影像反求资料容易获得，通过广告、照片、录像带可以获得有关产品的外形资料。20世纪 70 年代，我国代表团访问前苏联，在考察牙轮钻机时，对方不允许靠近钻机。只允许在 100m 外拍照，我国技术人员根据当时拍的照片，反求出我国第一台牙轮钻机，从而取代了落后的冲击式钻机，填补了我国钻机领域的空白。国外某杂志介绍一种结构小巧的"省力扳手"可以增力十几倍，用这种扳手给汽车换胎拧螺母，妇女、少年都能操作。根据其照片输入输出轴及圆盘外廓，分析它采用了行星轮系，以大传动比减速增矩，在此基础上设计的省力扳手，效果很好。

我国的国防工业在国外封锁、禁运的情况下，也是靠一些简单的图片资料，设计出我们自己的导弹和火箭。20 世纪 50 年代的日本，靠收集到的几张数控机床的照片，研制开发出更为先进的数控机床，并返销美国，使美国人大吃一惊。因为廉价的图片易得，通过照片等图像资料进行反求设计逐步被采用，并引起世界各国的高度重视。

影像反求法内容如图 2-82，主要包括以下内容：

① 收集影像资料；

② 根据影像资料进行原理方案分析，结构分析；

③ 原理方案和技术设计的反求设计；

④ 评价方案；

⑤ 修改调整得出产品。

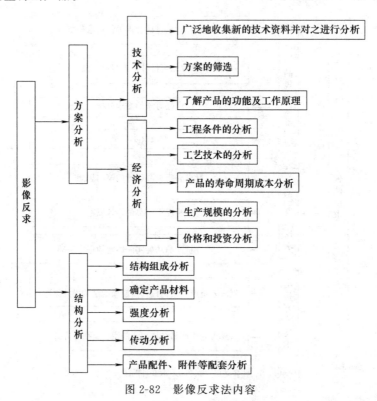

图 2-82　影像反求法内容

第八节　基于 TRIZ 理论的创新

一、TRIZ 理论概述

TRIZ 是俄文首字母的缩写，其意义为解决发明创造问题的理论，起源于苏联，英译为 Theory of Inventive Problem Solving，英文缩写为 TIPS。

1. TRIZ 理论的来源

1946 年，阿奇舒勒（G. S. Alsthuller）开始了发明问题解决理论的研究工作。当时阿奇舒勒（G. S. Alsthuller）在前苏联里海海军的专利局工作，在处理世界各国著名的发明专利过程中，他总是考虑这样一个问题：当人们进行发明创造、解决技术难题时，是否有可遵循的科学方法和法则，从而能迅速地实现新的发明创造或解决技术难题呢？答案是肯定的！阿奇舒勒（G. S. Alsthuller）发现任何领域的产品改进、技术的变革、创新和生物系统一样，都存在产生、生长、成熟、衰老、灭亡，是有规律可循的。人们如果掌握了这些规律，就能能动地进行产品设计并能预测产品的未来趋势。以后数十年中，阿奇舒勒（G. S. Alsthuller）穷其毕生的精力致力于 TRIZ 理论的研究和完善。在他的领导下，前苏联的研究机构、大学、企业组成了 TRIZ 的研究团体，分析了世界近 250 万份高水平的发明专利，总结出各种技术发展进化遵循的规律模式，以及解决各种技术矛盾和物理矛盾的创新原理和法则，建立一个由解决技术，实现创新开发的各种方法、算法组成的综合理论体系，并综合多学科领域的原理和法则，建立起 TRIZ 理论体系，如图 2-83 所示。

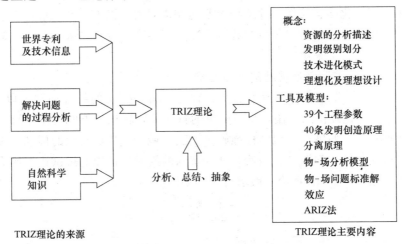

图 2-83 TRIZ 理论体系

创新从最通俗的意义上讲就是创造性地发现问题和创造性地解决问题的过程，TRIZ 理论的强大作用正在于它为人们创造性地发现问题和解决问题提供了系统的理论和方法工具。

2. TRIZ 理论概念

TRIZ 理论是基于知识的、面向人的解决发明问题的系统化方法学。在新产品或工艺的开发策略中，发明问题解决理论（TRIZ）的核心是技术系统进化原理。按照这些原理，技术系统的进化速度随一般冲突的解决而降低，使其产生突变的唯一方法是解决阻碍技术系统进化的深层次冲突。

3. TRIZ 理论的主要内容

现代 TRIZ 理论体系主要包括以下几个方面的内容。

（1）创新思维方法与问题分析方法

TRIZ 理论中提供了如何系统分析问题的科学方法，如多屏幕法等；而对于复杂问题的分析，则包含了科学的问题分析建模方法——物-场分析法，它可以帮助快速确认核心问题，发现根本矛盾所在。

（2）技术系统进化法则

针对技术系统进化演变规律，在大量专利分析的基础上 TRIZ 理论总结提炼出 8 个基本进化法则。利用这些进化法则，可以分析确认当前产品的技术状态，并预测未来发展趋势，开发富有竞争力的新产品。

（3）技术矛盾解决原理

不同的发明创造往往遵循共同的规律。TRIZ 理论将这些共同的规律归纳成 40 个创新原理，针对具体的技术矛盾，可以基于这些创新原理、结合工程实际寻求具体的解决方案。

（4）创新问题标准解法

针对具体问题的物-场模型的不同特征，分别对应有标准的模型处理方法，包括模型的修整、转换、物质与场的添加等。

（5）发明问题解决算法（ARIZ）

主要针对问题情境复杂，矛盾及其相关部件不明确的技术系统。它是一个对初始问题进行一系列变形及再定义等非计算性的逻辑过程，实现对问题的逐步深入分析，问题转化，直至问题的解决。

（6）基于物理、化学、几何学等工程学原理而构建的知识库

基于物理、化学、几何学等领域的数百万项发明专利的分析结果而构建的知识库可以为技术创新提供丰富的方案来源。

4. TRIZ 理论解决发明创造问题的一般方法

TRIZ 解决发明创造问题的一般方法是：首先，将要解决的特殊问题加以定义、明确；然后，根据 TRIZ 理论提供的方法，将需解决的特殊问题转化为类似的标准问题，而针对类似的标准问题已总结、归纳出类似的标准解决方法；最后，依据类似的标准解决方法就可以解决用户需要解决的特殊问题了。当然，某些特殊的问题也可以通过试错法或头脑风暴法直接解决，但难度很大。TRIZ 理论一般求解过程如图 2-84 所示。

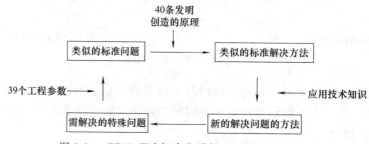

图 2-84　TRIZ 理论解决发明创造问题的一般方法

例如，为增大采煤机摇臂的调高范围，采煤机摇臂需要有足够大的长度以满足大采高的需要，这样会导致摇臂内传动结构变得复杂，齿轮数增多、传动链增长导致传递效率低，而且惰轮承受的转矩较大容易损坏，从而影响采煤机的正常使用；另一方面为了减少能量的损耗需要缩短传动链的长度，因此要求摇臂的长度既短又长，存在着物理矛盾，同时传动装置的复杂性、摇臂长度导致的能量损失增大和齿轮磨损加剧，这些参数之间又构成多对矛盾。应用 TRIZ 矛盾解决原理进行传动系统的方案求解。煤机摇臂传动系统分析框图如图 2-85

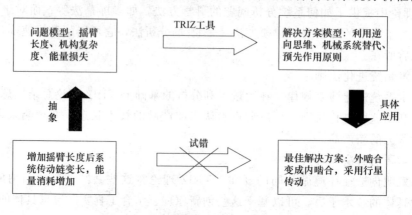

图 2-85　煤机摇臂传动系统分析框图

所示。

5. TRIZ 理论的应用

TRIZ 理论是专门研究创新和概念设计的理论，不仅在前苏联得到了广泛的应用，而且在美国的很多企业特别是大企业，如波音、通用、摩托罗拉等公司的新产品开发中也得到了应用。

二、设计中的冲突

产品是功能的实现。任何产品都包含一个或多个功能，为了实现这些功能，产品要由具有相互关系的多个零部件组成。为了提高产品的市场竞争力，需要不断对产品进行改进设计。当改变某个零件、部件的设计，即提高产品某些方面的性能时，可能会影响到与这些被改进设计零部件相关联的零部件，结果可能使另一些方面的性能受到影响。如果这些影响是负面影响，则设计就出现了冲突。

发明问题的核心是解决冲突。而解决冲突所应遵循的规则是："改进系统中的一个零部件或性能的同时，不能对系统或相邻系统中的其他零部件或性能造成负面影响"。

1. 冲突的分类

阿奇舒勒（G. S. Alsthuller）将冲突分为管理冲突、物理冲突、技术冲突三类。

管理冲突是指为了避免某些现象或希望取得某些结果，需要行动，但不知如何去行动。如希望提高产品质量、降低原材料的成本，但不知方法。管理冲突本身具有暂时性，对产品创新设计过程无启发价值。因此，不能表现出问题的解的可能方向，不属于 TRIZ 的研究内容。

物理冲突是指为了实现某种功能，一子系统或元件应具有某种特性，但同时出现了与该特性相反的特性。物理冲突出现的两种情况：

① 一子系统中有用功能加强的同时导致该子系统中有害功能的加强；

② 一子系统中有害功能降低的同时导致该子系统中有用功能的降低。

技术冲突是指一个作用同时导致有用及有害两种结果，也可指有用作用的引入或有害效应的消除导致一个或几个子系统或系统某方面性能变坏。技术冲突常表现为一个系统中两个子系统之间的冲突。技术冲突出现的几种情况：

① 在一个子系统中引入一有用功能，导致另一子系统产生一有害功能，或加强了已存在的一有害功能；

② 消除一有害功能导致另一子系统有用功能变坏；

③ 有用功能的加强或有害功能的减少使另一子系统或系统变得太复杂。

2. 技术冲突的一般化处理

为了更准确地描述技术冲突，经过对 250 多万件发明专利的详细研究，TRIZ 创新设计理论提出用 39 个通用工程参数来描述技术冲突。实际应用中，要把组成技术冲突双方用 39 个工程参数中的某两个来表示，以便把工程实例中的冲突转化为一般的或标准的技术冲突。表 2-25 为部分特征参数及其解释。

39 个工程参数罗列在一起，让使用者很难选择出合理的参数，为了方便应用，通常会将 39 个工程参数分为三个类别。如表 2-26 所示将参数分类。

负向参数是指当这些参数变大时，会使系统或子系统的性能变差。正向参数是指当这些参数变大时，会使系统或子系统的性能变好。例如，当使用开口扳手拧紧或松开一个六角螺

表 2-25　部分特征参数及其解释

序号	特征参数名称	特征参数意义
NO. 1	移动物体的重量	在重力场中移动物体的重量
NO. 3	移动物体的长度	移动物体三维空间中任意方向的线性尺寸
NO. 9	速度	移动物体的速度
NO. 10	力	任何试图改变物体状态的相互作用
NO. 13	结构的稳定性	系统的完整性及系统组成部分之间的关系
NO. 18	光照度	单位面积上的光通量，系统的光照特性，如亮度
NO. 23	物质损失	材料零件或子系统的部分或全部永久或暂
NO. 26	物质或事物的数量	材料、部件及子系统等的数量，它们可以被部分或全部、临时或永久的被改变
NO. 27	可靠性	系统在规定的方法及状态下完成规定功能的能力
NO. 32	可制造性	物体或系统制造过程中简单、方便的程度
NO. 38	自动控制程度	在无人干预下，系统或物体自动实现其功能的程度
NO. 39	生产率	单位时间内所完成的功能和操作数

表 2-26　参数分类

通用的物理及几何参数	通用技术负向参数	通用技术正向参数
NO. 1～12, NO. 17～18, NO. 21	NO. 15～16, NO. 19～20, NO. 22～26, NO. 30～31	NO. 13～14, NO. 27～29, NO. 32～39

钉或螺母时，由于在工作的时候螺钉或螺母的受力集中在两条棱边，所以很容易产生变形，从而使螺钉或螺母的拧紧或松开困难。目前使用的扳手还没能克服此缺点，可能在工作的时候会损坏螺钉或螺母的棱边，因此，新的设计必须解决这个问题。

用 39 个标准工程参数中的 2 个表示该设计中存在的技术冲突：

① 优化的工程参数：NO. 31 物体产生的有害因素（损坏螺钉或螺母的棱边）。

② 恶化的工程参数：NO. 29 制造精度。

3. 物理冲突

物理冲突是 TRIZ 要研究解决的关键问题之一，其核心是对一个物体或系统中的一个子系统有相反的需要。比如对于高空跳水，水必须是"硬"的以便支撑跳水者，但同时水又必须是"软"的，以减轻水对跳水者的冲击力，这就要求水在同一时间既是"硬"又是"软"，这两种状态就是物理冲突；再比如希望侦察机以最快的速度飞离被侦查的地区，而不被敌人发现，但在侦查的地区上空又希望飞行的速度很慢，以便收集尽可能多的数据，要求侦察机在同一时间速度既要慢又要快，这两种状态就是物理冲突。表 2-27 是常见的物理冲突。

表 2-27　常见的物理冲突

几何类	材料及能量类	功能类
长与短	多与少	喷射与卡住
对称与不对称	密度大与小	推与拉
平行与交叉	热导率高与低	冷与热
厚与薄	温度高与低	快与慢
圆与非圆	时间长与短	运动与静止

续表

几何类	材料及能量类	功能类
锋利与钝	黏度高与低	强与弱
窄与宽	功率大与小	软与硬
平行与垂直	摩擦系数大与小	成本高与低

和技术冲突相比，物理冲突是一个子系统的两种相反的技术要求，它是十分尖锐的冲突，但在产品设计中如果能确定出物理冲突，冲突是比较容易解决的。物理冲突不需要用专用的参数来表示，它可在对问题的详细分析的基础上直接确定。有时一个系统可能已确定存在技术冲突，那么可以通过对已存在的技术冲突的进一步分析来确定物理冲突。TRIZ 理论通常采用分离原理来解决物理冲突。

近年来，TRIZ 专家对技术冲突和物理冲突进行了对比研究，结果表明两者之间存在一定的联系。往往技术冲突的存在隐含物理冲突的存在，有时物理冲突的解比技术冲突更容易。

技术冲突总是涉及一个系统中的两个子系统、两个基本参数 A 和 B，当 A 得到改善时，B 就会变得更差。物理冲突仅涉及系统中的一个子系统或部件，而对该子系统和部件提出了相反的要求。

[实例 2-12] 飞机发动机罩的改进

波音公司在改进 737 飞机的设计时，需要将使用中的发动机改为功率更大的发动机。发动机的功率越大，它工作时需要的空气也就越多，发动机的机罩的直径就要增大。发动机的机罩直径增大，机罩离地面的距离就会相应的减小，而距离的减小是不被允许的。

在飞机的设计过程中出现的一个技术冲突为：既希望发动机吸入更多的空气，但又不希望发动机罩与地面的距离减小。用标准参数表示为：希望移动物体容量增加，不希望移动物体尺度减小。

该技术冲突可以转化为物理冲突：发动机罩的直径应该增加，以吸入更多的空气，但发动机罩的直径又不能增大，也不能减小路面与发动机罩的距离。

最后的设计为，增加发动机罩的直径，以便增加空气的吸入量，但为了保持与地面的距离，把发动机罩的底部由曲线变为直线，如图 2-86 所示。该设计采用了不对称原理，采用该方案改进设计的飞机已投入运营。

发动机罩的底部由曲线变为直线

图 2-86 改进的飞机发动机罩

三、技术冲突解决原理

从人类的诞生至今，人类就一直在不断地进行产品的创新设计。今天，一些设计人员与发明家已经积累了很多发明创造的经验。第一次工业革命以后，世界经济飞速发展，技术创新俨然已成为制造业企业之间市场竞争的焦点。为了系统的指导产品的技术创新，缩短产品的研发周期，提升产品的使用价值，一些研究人员开始总结前人发明创造的经验。

通过对多个领域发明专利的研究分析，TRIZ 研究人员发现，在以往不同领域的发明中所用到的规则并不多，不同时代的发明，不同领域的发明，这些规则被反复的采用。每一规则并不限定于一特定领域，而是融合了物理的、化学的和各工程领域的原理，适用于不同领域的发明创造。

1. 发明原理

由于抽象发明原理所用数据源的多样性及观察数据的随机性，最初的发明原理的列表是不完善和不完整的，为了不断完善发明原理列表，需要系统地研究专利信息，按创造力水平进行分析。

（1）发明原理介绍

在对全世界专利进行分析研究的基础上，阿奇舒勒（G. S. Alsthuller）等提出了 40 条发明原理。实践证明这些原理对于指导设计人员的发明创造具有重要作用。表 2-28 所示为40 条发明原理。

表 2-28　发明原理

序号	名称	序号	名称	序号	名称	序号	名称
1	分割	11	预补偿	21	紧急行动	31	多孔材料
2	分离	12	等势性	22	变有害为有益	32	改变颜色
3	局部质量	13	反向	23	反馈	33	同质性
4	不对称	14	曲面化	24	中介物	34	抛弃与修复
5	合并	15	动态化	25	自服务	35	参数变化
6	多用性	16	未达到或超过的作用	26	复制	36	状态变化
7	套装	17	维数变化	27	低成本不耐用的物体代替昂贵耐用的物体	37	热膨胀
8	质量补偿	18	振动	28	机械系统的代替	38	加速强氧化
9	预加反作用	19	周期性作用	29	气动与液压结构	39	惰性环境
10	预操作	20	有效作用的连续性	30	柔性壳体或薄膜	40	复合材料

以上这些发明原理都是通用的发明原理，不针对任何具体的领域，其表达方法是描述可能解的概念。比如说 36 号发明原理建议采用状态变化的方法，那么问题的解就要涉及从某种程度上改变待改进或待设计系统的物理状态。设计者根据建议使用的发明原理，提出系统的改进方案或设计方案，这将使问题得到迅速的解决，缩短产品的研发周期，提升产品的竞争力。另外，存在一些发明原理范围很宽，应用面很广，既可以应用于工程，又可以应用于管理、广告和市场等领域。表 2-29 列出了部分发明原理的内容。

（2）发明原理的应用

对称原理在机械设计中被广泛的采用，但实际上产品中的冲突很多都是由于对称引起的，因此 TRIZ 中提出将产品设计为不对称结构，可能会消除由于对称引起的技术冲突。

表 2-29 部分发明原理的内容

序号	名称	发明内容
1	分割	①将一个物体分成相互独立的几个部分 ②将物体分成容易组装及拆卸的部分 ③增加物体相互独立部分的程度
8	质量补偿	①用一个能产生提升力的物体补偿第一个物体质量 ②通过与环境相互作用产生空气动力或液体动力的方法补偿第一个物体的质量
14	曲面化	①将直线或平面部分用曲线或曲面代替,立方形用球形代替 ②采用锟、球和螺旋 ③用旋转运动代替直线运动,采用离心力
24	中介物	①使用中介物传递某一物体或某一种中间过程 ②将一容易移动的物体与另一物体暂时结合
35	参数变化	①改变物体的物理状态,即使物体在气态、液态、固态之间变化 ②改变物体的浓度与黏度 ③改变物体的柔性 ④改变温度

［实例 2-13］ 测试箱的改进

在腐蚀媒介中测量材料的强度时,需要精确记录材料失效的瞬间。附加的记录装置很复杂,并且成本高。建议使用不对称原理使测试箱自己记录失效的瞬间而不用附加的设备。将箱体的底部做成两个相互倾斜的平面,形成不对称结构,如图 2-87 所示。如果样品失效,箱体在下落负载重力的作用下会倾斜。这一瞬间很容易通过视觉记录,或用简单的传感器记录。这种设计简便而且可靠。

［实例 2-14］ 一种套筒扳手的套筒头

用普通的套筒扳手拧紧或松开螺母、螺栓时,易使螺母或螺栓受力集中而产生变形,致使螺母或螺栓的拧紧或松开困难。采用曲面化原理将套筒扳手的套筒头制作成带多角槽的工作部分和带方形槽的传动部分。工作部分的多角槽中各相邻侧面间以一个向外凸的槽连接过渡,该外凸槽的横断面形状为圆弧形、椭圆形、双曲线和抛物线之一。本产品既方便拆卸和紧固已变形或报坏的螺母或螺栓等紧固件,又能延长套筒头本身的使用寿命,避免损坏紧固件,如图 2-88 所示。

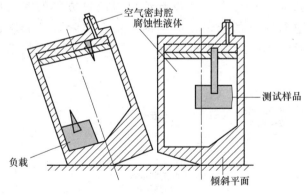

图 2-87 改进的测试箱

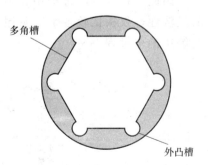

图 2-88 一种套筒扳手的套筒头

2. 冲突矩阵

在设计过程中如何选用发明原理以便产生创新解是一个具有现实意义的问题。经过多年的研究、分析和比较,最后阿奇舒勒(G. S. Alsthuller)提出了冲突矩阵,该矩阵将描述技术冲突的 39 个工程参数与 40 条发明原理建立了对应关系，很好地解决了设计过程中选择发明原理的难题。

（1）冲突矩阵的组成

将 39 个工程参数与 40 条发明原理建立起对应关系，形成一个冲突矩阵。冲突矩阵的第一行是需要改进的 39 个技术参数，即恶化参数；矩阵的第一列为引起恶化的 39 个技术参数，即优化参数。冲突矩阵的行与列交叉就形成了系统的技术冲突，在矩阵交叉的方格里，列写了 TRIZ 推荐使用的发明原理的符号。表 2-30 为冲突解决矩阵。

表 2-30 冲突解决矩阵

参数	NO. 1	NO. 2	NO. 3	...	NO. 39
NO. 1	—	—	15,8,29,34	—	35,3,24,37
NO. 2	—	—	—	—	1,28,25,35
...	—	—	—	—	—
NO. 38	28,26,18,35	...	14,13,17,28	—	5,12,35,26
NO. 39	35,26,24,37	28,27,15,3	18,4,28,38	10,26,34,31	—

应用冲突解决矩阵的过程为：首先将要解决的问题用其所在的工程领域的特定参数表示，然后将参数一般化，在 39 个标准工程参数中，确定使产品某一方面质量恶化及改善的工程参数 A 和 B 的序号。之后将参数 A、B 的序号从第一行和第一列中选取对应的序号，最后在两序号对应的行与列的交叉处确定元素，该元素所给出的数字为推荐采用的发明原理的序号。比如说希望降低和改善的工程参数分别为 NO.3 和 NO.38，则在行与列交叉处找到对应的矩阵元素，该元素中数字 14，13，17，28 为推荐的发明原理的序号。

（2）技术冲突问题解决过程

当在实际问题中确认了一个技术冲突后，首先要用该问题所在的具体领域的标准术语表示出现有的冲突，随后，要将冲突描述成一般术语，然后在 TRIZ 理论所给的 39 个通用工程参数中选择 2 个，至此，就可以在冲突问题解决矩阵中找到所适应的发明原理。发明原理的作用是指给用户改进系统的方向，并没有给出对改进方案的深入探讨。因此，在改进的过程中，对问题进行深入的探索是必须的。结合实际要求和制造的经济性，权衡比较各个发明原理之后，找出最适合问题的特定解。图 2-89 为技术冲突解决的全过程。

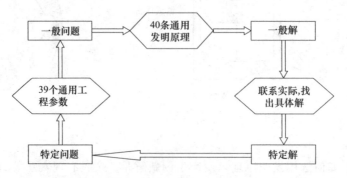

图 2-89 技术冲突解决的全过程

技术冲突解决原理具体化为以下这些步骤：首先确定待设计系统的功能，对待设计系统的现状进行描述，设计者针对一个具体的问题，当确认它是属于技术冲突之后，确定系统应该改善和消除的特性，将冲突用其所在领域的特定术语表示，然后将问题涉及的参数用 39 个通用工程参数进行描述。在冲突矩阵中由冲突双方确定相应的矩阵元素，找到可用的发明原理，将确定的发明原理应用于实际问题，找到、评价和完善概念设计及后续设计。

通常给出的发明原理的个数会多于一个，这表明前人已经运用这几种发明原理解决了所选择的技术冲突。发明原理排除了许多解的方向，为设计者指明了研究方向。对于给定的每一条发明原理都要尽可能地应用到待解决的问题当中。分析、比较各种发明原理，进行可行性评估后找到最优解。假如所有给定的解都不能满足要求，则对技术冲突重新进行定义，然后再在冲突问题矩阵中找到相应的发明原理，重复上述过程。

四、利用技术进化模式实现创新

1. 技术系统及进化

所有实现某个功能的产品或物体均可称为技术系统。技术系统是由多个子系统组成的，并通过子系统间的相互作用实现一定的功能。子系统本身也是系统，是由元件和操作构成的。技术系统常简称为系统，系统的更高级系统称为超系统。例如，汽车作为一个技术系统，轮胎、发动机、变速箱、万向轴、方向盘等都是汽车的子系统；而每辆汽车都是整个交通系统的组成部分，因此交通系统就是汽车的超系统。实际上，所谓子系统、系统、超系统的界定，往往取决于创造者的视角，但其相对关系则是确定的。技术系统进化是指实现系统功能的技术从低级向高级变化的过程。对于一个具体的技术系统来说，对其子系统或原件进行不断的改进，以提高整个系统的性能，就是技术系统的进化过程。

阿奇舒勒（G. S. Alsthuller）在分析大量专利的过程中发现，技术系统是在不断发展变化的，产品及其技术的发展总是遵循着一定的客观规律，而且同一条规律往往在不同的产品或技术领域被反复应用，即任何领域的产品改进、技术变革过程，都是有规律可循的。他指出："技术系统的进化不是随机的，而是遵循一定的客观规律；同生物系统的进化类似，技术系统也面临着自然选择、优胜劣汰"，因此，如果人们能够掌握这些规律，就能主动地进行产品设计并预测产品的未来发展趋势。于是，阿奇舒勒（G. S. Alsthuller）和他的合作伙伴们经过长期的研究，对技术系统的发展规律进行了概括和总结，提出了技术系统进化理论。

2. 技术系统进化的 S 曲线

阿奇舒勒（G. S. Alsthuller）通过对大量发明专利的分析和研究，发现技术系统的进化规律可以用一条 S 形曲线来表示。技术系统的进化过程是依靠设计者的创新来推进的，对于当前的技术系统来说，如果没有设计者引入新的技术，它将停留在当前的水平上，而新技术的引入将推动技术系统的进化。由于 S 曲线可以根据现有专利数量和发明级别等信息计算出来，因此 S 曲线比较客观地反映了技术系统进化的过程。通过分析 S 曲线有助于了解技术系统的成熟度，辅助企业做出合理的研发决策，因此 S 曲线也可以认为是一条技术系统成熟度预测曲线。

当一个技术系统的进化完成婴儿期、成长期、成熟期和衰退期 4 个阶段后，会出现一个新的技术系统来替代它，如此不断替代，如图 2-90 所示。

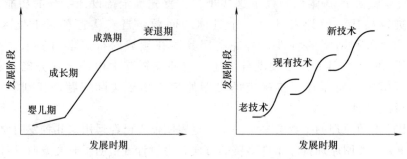

图 2-90　技术系统的进化过程

（1）婴儿期

当有一个新的需求且满足这个需求是有意义时，一个新的技术系统就会诞生。新的技术系统往往会随着一个高水平的发明而出现，而该发明正是为了满足人们对于某种功能的需求。

处于婴儿期的系统尽管能够提供新的功能，但该阶段的系统明显地处于初级，存在着效率低、可靠性差或一些尚未解决的问题。由于人们对它的未来难以把握，而且风险较大，因此处于此阶段的系统缺乏足够的人力和财力的投入。此时，市场处于培育期，对该产品的需求并没有明显地表现出来。

处于婴儿期的系统所呈现的特征是：性能的完善非常缓慢；产生的专利级别很高，但专利数量很少；为了解决新系统存在的主要技术问题，需要消耗大量的资源，系统在此阶段的经济收益为负值。

（2）成长期

进入成长期的技术系统，系统中原来存在的各种问题逐步得到解决，产品效率和可靠性得到较大程度的提升，其价值开始得到社会的认可，发展潜力也开始显现，从而吸引了大量的人力和财力的投入，推进技术系统获得了高速发展。在这一时期，企业应对产品进行不断的创新，迅速解决存在的技术问题，使其尽快成熟，以便为企业带来巨额利润。

处于成长期的系统，性能得到快速提升，产生的专利级别开始下降，但专利数量出现上升。系统的经济收益快速上升并凸显出来，这时候投资者会蜂拥而至，促进了技术系统的快速完善。

（3）成熟期

在获得大量人力和财力投入的情况下，系统从成长期会快速进入成熟期，这时技术系统已经趋于完善，所进行的大部分工作只是系统的局部改进和完善，系统的发展速度开始变缓。即使再投入大量的人力和财力，也很难使系统的性能得到明显的提高。

处于成熟期的系统，性能水平达到最佳。这时仍会产生大量的专利，但专利级别会更低。处于此阶段的产品已进入大批量生产，并获得了巨额的经济收益，此时企业应知道系统会很快进入下一个阶段即退出期，需要着手开发基于新原理的下一代产品，以保证当本代产品淡出市场时，有新的产品来承担起企业发展的重任，使企业在未来的市场竞争中处于领先地位。否则，企业将面临较大的风险，业绩会出现大幅回落。

（4）衰退期

成熟期后系统面临的是退出期。此时技术系统已达到极限，很难取得进一步的突破，该系统因不再有需求的支撑而面临市场的淘汰。此时，先期投入的成本已经收回，企业会在产品彻底退出市场之前，榨取最后的利润。

处于本阶段的系统，其性能参数、专利等级、专利数量、经济收益 4 个方面均呈现快速下降的趋势。

3. 技术系统进化的定律

技术系统的进化是遵循某些客观规律的，通过对大量专利的分析和研究，阿奇舒勒（G. S. Alsthuller）发现产品通过不同的技术路线向理想解方向进化，并提出了八条产品进化定律。利用这些定律，可以判断出当前研发的产品处于技术系统进化模式中的哪个位置，以便更好地预测技术系统未来的发展方向。因此，这些定律既可用于发明新的技术系统，也可以用来系统化地改善现有系统，对产品创新具有重要的指导作用。

定律 1：组成系统的完整性定律

要实现某项功能，一个完整的技术系统必须包含 4 个相互关联的基本子系统：动力子系统、传输子系统、执行子系统和控制子系统。其中，动力子系统负责将能量源提供的能量转化为技术系统能够使用的能量形式，以便为整个技术系统提供能量；传输子系统负责将动力子系统输出的能量传递到系统的各个组成部分；执行子系统负责具体完成技术系统的功能，对系统作用对象实施预定的作用；控制子系统负责对整个技术系统进行控制，以协调其工作。

定律 2：系统能量传递定律

技术系统实现其基本功能的必要条件是：能量要从能量源传递到系统的各个组成部分。同时，能量从能量源到执行子系统传递的效率向逐渐提高的方向进化。由此可知，技术系统中的某个部分能够被控制的条件是：在该部分与控制子系统之间必须存在能量传递。如果技术系统的某个部分接收不到能量，它就不能产生效用。那么整个技术系统就不能执行其有用功能，或者所实现的有用功能不足。因此，在设计技术系统时，首先要确保能量可以传递到系统的各个组成部分，然后通过缩短能量传递路径，以提高能量的传递效率。

定律 3：技术系统协调性进化定律

技术系统向着其子系统各参数协调、系统参数与超系统各参数相协调的方向进化。进化到高级阶段时技术系统的特征是：子系统为充分发挥其功能，各参数之间要有目的地相互协调或反协调，能够实现动态调整和配合。子系统各参数之间的协调，包括材料性质、几何结构和尺寸、质量上的相互协调等。

定律 4：增加系统理想化水平定律

技术系统向增加其理想化水平的方向进化。该定律是技术系统发展进化的主要定律，其他的进化定律为本定律提供具体的实现方法。

定律 5：零部件的不均衡发展定律

虽然系统作为一个整体在不断地改进，但零部件的改进是单独进行的，而且是不同步的。

定律 6：向超系统传递的定律

当一个系统自身发展到极限时，它向着变成一个超系统的子系统方向进化，通过这种进化，原系统升级到一种更高水平。该定律与其他技术系统进化定律结合起来，可以预测技术系统的进化趋势。

定律 7：由宏观向微观的传递定律

产品所占空间向较小的方向进化。在电子学领域，先是应用真空管，之后是电子管，再后来是大规模集成电路，就是典型的例子。

定律 8：增加物质-场的完整性定律

对于存在不完整物质-场的系统，向增加其完整性方向进化。物质-场中的场从机械或热能向电子或电磁的方向进化。

4. 技术系统的进化模式

（1）技术系统进化模式

多种历史数据分析表明，技术进化过程有其自身的规律与模式，是可以预测的。TRIZ技术与西方传统预测理论不同之处在于，通过对世界专利库的分析，TRIZ研究人员发现并确认了技术从结构上进化的模式与进化路线。这些模式能引导设计人员尽快发现新的核心技术。充分理解图 2-91 中的 11 条进化模式，将会使今天设计明天的产品变为可能。

图 2-91　技术系统进化模式

（2）各种技术系统进化模式分析

进化模式 1：技术系统的生命周期为出生、成长、成熟、退出。这种进化模式是最一般的进化模式，因为这种进化模式从一个宏观层次上描述了所有系统的进化。其中最常用的是S 曲线，用来描述系统性能随时间的变化情况。对于许多应用实例而言，S 曲线都有一个周期性的生命：出生、成长、成熟、退出。考虑到原有技术系统与新技术系统的交替，可用 6个阶段描述：孕育期、出生期、幼年期、成长期、成熟期、退出期。所谓孕育期就是以产生一个系统概念为起点，以该概念已经足够成熟并可以向世人公布为终点的这个时间段，也就是说系统还没有出现，但是出现的重要条件已经形成。出生期标志着这种系统概念已经有了清晰明确的定义，而且还实现了某些功能。如果没有进一步的研究，这种初步的构想就不会有进一步的发展，不会成为一个成熟的技术系统。理论上认为并行设计可以有效地减少发展所需的时间。最长的时间间段就是产生系统概念与将系统概念转化为实际工程之间的时间段。研究组织可以花费 15 年甚至 20 年（孕育期）的时间，去研究一个系统概念，直到真正的发展研究开始。

进化模式 2：增加理想化程度或水平。系统在产生有用效应的同时不可避免的会产生有害效应。改进系统的大致方向就是提高系统的理想化程度，增大有用功能，减小有害功能。例如熨斗对于健忘的人来说是一件危险的物品。可能经常由于沉浸于幻想或者忙于去接电话，而忘记将熨斗从衣物上拿开，于是心爱的衣物上就会出现一个大洞。在这种情况下，如果熨斗能自己立起来该多好！于是出现了"不倒翁熨斗"，将熨斗的背部制成球形，并把熨斗的重心移至该处，经过改进后的熨斗在放开手后能够自动直立起来。

进化模式 3：系统元件的不均衡发展导致冲突的出现。系统的每一个组成元件和每个子系统都有自身的 S 曲线。不同的系统元件和子系统一般都是沿着自身的进化模式来演变的。同样的，不同的系统元件达到自身固有的自然极限所需的时间是不同的。首先达到自然极限的元件就"抑制"了整个系统的发展，它将成为设计中最薄弱的环节。一个不发达的部件也是设计中最薄弱的环节之一。在这些处于薄弱环节的元件得到改进之前，整个系统的改进也将会受到限制。技术系统进化中常见的错误是非薄弱环节引起了设计人员的特别关注，如在飞机的发展过程中，人们总是把注意力集中在发动机的改进上，试图开发出更好的发动机，但对飞机影响最大的是其空气动力学系统，因此设计人员把注意力集中在发动机的改进上对提高飞机性能的作用影响不大。

进化模式 4：增加系统的动态性和可控性。系统的进化过程中，技术系统总是通过增加动态性和可控性而不断地得到进化。也就是说，系统会增加本身的灵活性和可变性以适应不断变化的环境和满足多种需求。增加系统动态性和可控性最困难的是如何找到问题的突破口。在最初的链条驱动自行车（单速）上，链条从脚蹬链轮传到后面的飞轮。链轮传动比的增加表明了自行车进化路线是从静态到动态的，从固定到流动的或者从自由度为零到自由度无限大。如果能正确理解目前产品在进化路线上所处的位置，只要顺应客户的需要，沿着进化路线进一步探索，就可以正确地指引未来的发展。因此通过调整后面链轮的内部传动比就可以实现自行车的三级变速。五级变速自行车前边有一个齿轮，后边有 5 个嵌套式齿轮。一个绳缆脱轨器可以实现后边 5 个齿轮之间相互位置的变换。可以预测，脱轨器也可以安装在前轮。更多的齿轮安装在前轮和后轮，比如前轮有 3 个齿轮，后轮有 6 个齿轮，这就初步建立了 18 级变速自行车的基本框架。显然，以后的自行车不仅能实现齿轮之间的自动切换，而且还能实现更多的传动比。理想的设计是实现无穷传动比，可以连续的变换，以适应任何地形。这个设计过程开始是一个静态系统，逐渐向一个机械层次上的柔性系统进化，最终是一个微观层次上的柔性系统。

进化模式 5：通过集成以增加系统的功能，然后再逐渐简化系统。技术系统总是首先趋向于结构复杂化（增加系统元件的数量，提高系统功能的特性），然后逐渐精简（可以用一个结构稍微简单的系统实现同样的功能或者实现更好的功能）。把一个系统转换为双系统或多系统就可以实现这些。比如组合音响将 AM/FM 收音机、磁带机、VCD 机和喇叭等集成为一个多系统，用户可以根据需要选择相应的功能。如果设计人员能熟练掌握如何建立双系统、多系统，将会实现很多创新性的设计。

进化模式 6：系统元件匹配与不匹配的交替出现。这种进化模式可以被称为行军冲突。通过应用前面所提到的分离原理就可以解决这种冲突。在行军过程中，一致和谐的步伐会产生强烈的共振效应。不幸的是，这种强烈的共振效应会毁坏一座桥。因此当通过一座桥时，一般的做法是让每个人都以自己正常的脚步和速度前进，这样就可以避免产生共振。有时候造一个不对称的系统会提高系统的功能。具有 6 个切削刃的切削工具，如果其切削刃角度并不是精确的 $60°$，比如分别是 $60.5°$、$59°$、$61°$、$62°$、$58°$、$59.5°$，那么这样的一种切削工具将会更有效。因为这样会产生 6 种不同的频率，可以避免加强振动。在这种进化模式中，为了改善系统功能并消除负面效应，系统元件可以匹配，也可以不匹配。例如早期的轿车采用板簧吸收振动，这种结构是从当时的马车上借鉴的。随着轿车的进化，板簧和轿车的其他部件已经不匹配，后来就研制出了轿车的专用减震器。

进化模式 7：由宏观系统向微观系统进化。技术系统总是趋向于从宏观系统向微观系统进化，即技术系统及其子系统在进化过程中，向着减小它们尺寸的方向进化；技术系统的元件倾向于达到原子和基本粒子的尺度；进化的终点意味着技术系统的元件已经不作为实体存在，而是通过场来实现其必要的功能。在这个演变过程中，不同类型的场可以用来获得更好的系统功能，实现更好的系统控制。例如烹饪用灶具的进化过程可以用以下 4 个阶段进行描述：

① 浇铸而成的大铁炉子，以木材为燃料；

② 较小的炉子和烤箱，以天然气为燃料；

③ 电热炉子和烤箱，以电为能源；

④ 微波炉，以电为能源。

由此可见，伴随着进化的过程，技术系统组件的体积和尺寸不断减小，所实现的功能也更加方便有效。

进化模式 8：提高系统的自动化程度，减少个人的介入。之所以要不断地改进系统，目的就是希望系统能代替人类完成那些单调乏味的工作，而让人类去完成更多富有创造性的脑力工作。例如一百多年前，洗衣服是一件纯粹的体力活，同时还要用到洗衣盆和搓衣板。最初的洗衣机可以减少所需的体力，但是操作需要很长的时间。全自动洗衣机不仅减少了操作所需的时间，还减少了操作所需的体力。

进化模式 9：技术系统的分割。在进化过程中，技术系统总是通过各种形式的分割实现改进。一个已分割的系统会有更高的可调性、灵活性和有效性。分割可以在元件之间建立新的相互关系，因此新的系统资源可以得到改进。

进化模式 10：系统进化以改善物质的结构为主。在进化过程中，技术系统总是通过物质结构的发展来改进系统。结果，结构就会变得更加不均匀以便与不均匀的力、能量及物流等相一致。

进化模式 11：技术系统趋于一般化。在进化过程中，技术系统总是趋向于具备更强的通用性和多功能性，这样就能提供便利并满足多种需求。这条进化模式已经被"增加系统动态性"所完善，因为更强的普遍性需要更强的灵活性和"可调性"。产品进化模式导致不同的进化路线，进化路线指出了产品结构进化的状态序列，其实质是产品如何从一种核心技术转移到另一种核心技术。新旧核心技术所完成的基本功能相同，但是新技术的性能极限提高或成本降低。基于当前产品核心技术所处的状态，按照进化路线，通过设计可使其移动到新的状态。

核心技术通过产品的特定结构实现，产品进化过程实质上就是产品结构的进化过程。因此，TRIZ 中的进化理论是预测产品结构进化的理论。

应用进化模式与进化路线的过程为：根据已有产品的结构特点选择一种或几种进化模式，然后从每种模式中选择一种或几种进化路线，从进化路线中确定新的核心技术可能的结构状态。

5. 技术进化理论的应用

人类需求的质量、数量以及对产品实现形式的不断变化，迫使企业不得不根据市场需求变化及实现的可能，增加产品的辅助功能、改变其实现形式，快速有效地开发新产品，这是企业在竞争中取胜的重要武器，因此产品处于不断进化之中。企业在新产品开发决策过程中，要预测当前产品的技术水平及新一代产品可能的进化方向，TRIZ 的技术系统进化理论为此提供了强有力的工具。

TRIZ 中技术进化理论的主要成果有：S 曲线、产品进化定律及产品进化模式。这些关于产品进化的知识具有定性技术预测、产生新技术、市场需求创新、实施专利布局及选择企业战略制定的时机等方面的应用，对于解决发明问题具有重要的指导意义，可以有效提高解决问题的效率。

（1）定性技术预测

S 曲线、产品进化定律及产品进化模式可对目前产品提出如下的预测。

① 对处于婴儿期和成长期的产品，在结构、参数上进行优化，促使其尽快成熟，为企业带来利润。同时，应尽快申请专利进行产权保护，以使企业在今后的市场竞争中处于有利的地位。

② 对处于技术成熟期或退出期的产品，应避免大量进行改进设计的投入或避免进入该产品领域，同时应关注开发新的核心技术以替代已有的技术，推出新一代的产品，保持企业的持续发展。

③ 明确指出符合进化趋势的技术发展方向，避免错误的投入。

④ 指出系统中最需要改进的子系统，以提高整个产品的水平。

⑤ 跨越现系统，从超系统的角度定位产品可能的进化模式。

上述 5 条预测将为企业设计、管理、研发等部门及领导决策提供重要的理论依据，有利于帮助企业合理评估现有技术系统的成熟度，从而合理安排研发投入。

（2）产生新技术

产品的基本功能在产品进化的过程中基本不变，但其实现形式及辅助功能一直在发生变化，特别是一些令消费者满意的功能变化得非常快。因此，基于技术系统进化理论对现有产品分析的结果可用于功能实现的分析，以便找出更合理的功能实现结构。其分析步骤为：

① 对每一个子系统的功能实现进行评价，如果有更合理的实现形式，则取代当前不合理的子系统；

② 对新引入子系统的效率进行评价；

③ 对物质、信息、能量流进行评价，如果需要，选择更合理的流动顺序；

④ 对成本或运行费用高的子系统及人工完成的功能进行评价及功能分离，确定是否用成本低的其他系统代替；

⑤ 评价用高一级的相似系统、反系统等代替④中所评价的已有子系统的可能性；

⑥ 分离出能有一个子系统完成的一系列功能；

⑦ 对完成多于一个功能的子系统进行评价；

⑧ 将④分离出的功能集成到一个子系统中。

上述分析过程将帮助设计人员完成对技术系统或子系统的进化设计。

（3）市场需求创新

质量功能配置（QFD）是进行市场研究的有力手段之一。目前，用户对产品的需求主要是通过市场调查获得，其问卷的设计和调查对象的确定在范围上非常有限，导致市场调查所获取的结果存在一定的不足。同时，负责市场调查的人员一般不知道被调查技术的未来发展细节，缺乏对产品未来趋势的有效把握。因此，QFD 的输入，即市场调查的结果，往往是主观的和不完善的，甚至出现错误的导向。

TRIZ 中的产品进化定律与进化模式是由专利信息及技术发展的历史得出的，具有客观性及不同领域通用的特点。因此，技术系统进化理论可以帮助市场调查人员和设计人员，从可能的进化趋势中确定产品最有希望的进化路线，引导用户提出基于未来的需求，之后经过设计人员的加工将其转变为 QFD 的输入，从而实现市场需求的创新。

（4）实施专利布局

技术系统的进化法则，可以有效确定未来的技术系统走势，对于当前还没有市场需求的技术，可以事先进行有效的专利布局，以保证企业未来的长久发展和专利发放所带来的可观收益。

在当前的经济发展中，有很多企业正是依靠有效的专利布局来获得高附加值的收益。在通信行业，高通公司的高速成长正是基于预先大量的专利布局，使其在 CDMA 技术上的专利几乎形成世界范围内的垄断。我国的一些企业，每年都会向国外的公司支付大量的专利使用费，这不但大大缩小了产品的利润空间，而且还会因为专利诉讼丧失重要的市场机会，我国的 DVD 生产厂家就是一个典型示例。

更重要的是专利正成为许多企业打击竞争对手的重要手段。我国的企业在走向国际化的道路上，几乎全都遇到了国外同行在专利上的阻挡。

中国专利保护协会调查发现，跨国公司在进入中国市场时往往是专利先行，即先通过取得专利实施垄断技术，然后垄断标准，从而占领市场。同时，拥有专利权也可以与其他公司进行专利许可使用的共享，从而节省资源和研发成本，起到双赢的效果。因此，专利布局正在成为创新型企业的一项重要工作。

（5）选择企业战略制定的时机

技术系统进化的 S 曲线，对选择一个企业发展战略制定的时机具有积极的指导意义。一个企业也是一个技术系统，一个成功的企业战略能够将企业带入一个快速发展的时期，完成一次 S 曲线的完整发展过程。但是当这个战略进入成熟期以后，将面临后续的退出期，所以企业面临的是下一个战略的制定。

通常很多企业无法跨越 20 年的持续发展，原因之一就是忽视了企业也是按 S 曲线的 4 个阶段完整进化的，企业没有及时有效地进行下一个发展战略的制定，没有完成 S 曲线的顺利交替，以至于被淘汰出局。所以企业在一次成功的战略制定后，在获得成功的同时，不要忘记 S 曲线的规律，需要在成熟期就开始着手进行下一个战略的制定，从而顺利完成下一个 S 曲线的启动，实现企业的可持续发展。

例如汽车乘员约束系统的进化。汽车正面碰撞是造成交通事故的主要原因，汽车乘员约束系统的功能就是在汽车发生碰撞时对乘员进行保护。早在 1964 年，美、日等国已经使用了座椅安全带。事实证明，在汽车正面碰撞、追尾碰撞及翻车事故中，普通座椅安全带可以产生良好的保护效果。

但随着道路条件的改善和汽车技术的进步，汽车行驶速度越来越快，座椅安全带越来越不能对人体起到足够的保护作用。

20 世纪 80 年代后期，汽车生产厂家逐渐采用安全气囊，并与座椅安全带联合使用，组成了一个双系统。由于碰撞的不可预知性，为了充分保护司机，除了在汽车正面安装气囊外，在车门上还安装了侧面安全气囊，形成一个多系统。根据技术进化定律可以判断，汽车乘员约束系统的发展符合向超系统进化定律中的一条进化路线：单系统—引进一种与原系统功能不同的系统形成双系统—多系统—组合的多系统。目前，安全气囊的设计保护了身材高的司机，但却有可能伤害身材矮的司机。其原因是后者为了踩刹车及油门，身体较接近于方向盘，在汽车碰撞及气囊膨胀过程中，他们可能碰上气囊。

膨胀过程中的气囊像是一个运动中的刚体，会伤害与其碰撞的乘员。由于不可能设计出针对个体乘客的安全气囊，因此按照进化路线的最后状态，汽车乘员系统应该向组合系统进化。也就是说，理想的安全气囊可在各种情况下为乘员提供保护。在安全气囊的研究中，引入了智能化以形成"安全带—安全带预紧器—安全气囊"三段式安全保护。它通过增加传感器，探测乘员的身材高低、坐姿以及安全带的状况，然后经计算机分析，合理控制安全气囊膨胀时间和强度，以减少对乘员的意外伤害。从轻微的碰撞到严重的碰撞事故，乘员保护系统都能做出合理的反应。这种智能安全气囊已在 GM、丰田、福特、日产等汽车制造企业的研究计划中。

五、TRIZ 理论的发展趋势

虽然 TRIZ 从产生到现在已有 70 多年的发展时间，但是作为一种技术本身，TRIZ 目前仍处于"婴儿期"，想要达到成熟还有很长的过程。通过对已经发表的多篇文章的详细研究分析，认为 TRIZ 今后的发展趋势可归纳为三方面即：TRIZ 本身的完善，与其他工具的结合以及开发计算机辅助创新软件。

物质-场模型的改进、技术冲突解决原理的进一步发展和 ARIZ 算法的改进是 TRIZ 目前自身完善的三个方面。

物质-场模型适合于描述产品的一个功能，但是任何一个新产品都不会只具有一个功能，这就使得其不能很好地描述多个功能。因此对于物质-场模型的进一步改进就成为 TRIZ 本身的一个必不可少的研究方向。在实际工程实例的应用中，ARIZ 必然存在一些不足，ARIZ 只适合解决一些较复杂的问题，但对于"小问题"的解决不方便。

TRIZ 的应用实例表明，冲突及解决技术中的 39 个通用工程参数和 40 条发明原理还不完善，有些设计中的冲突明显地不能用 39 个参数来描述，因此也就不能选择冲突解决原理。那么，如何增加标准参数的个数；一旦增加冲突的标准参数的个数，冲突解决矩阵会怎样改变；40 条发明原理是否已经囊括了所有的设计等问题还没有找到答案。因此对冲突以及解决技术的进一步发展是 TRIZ 理论自我完善的一个重要方面。

TRIZ 创新设计理论被引入美国之后，迅速引起了一些质量工程学家的关注。Kowalick 指出，如果说田口方法是 20 世纪 80 年代及 90 年代前期的研究重点，那么 TRIZ 创新设计理论将成为 90 年代后期的研究热点，而且这一趋势将一直延续下去。将 TRIZ 理论与其他设计理论一起为新产品的开发和创新提供强大的理论指导，将成为 TRIZ 研究的重中之重，这将使技术创新过程由以往的仅凭借经验和灵感发展到按照技术演变规律进行。

第三章

我能实现

认识与实践是统一的，认识是从实践中来，最终还要回到实践中去。认识到机械创新的理论和方法本身不是目的，而用这些知识去改造世界，实现自己的创新之路才是最重要的。本章以十二个典型创新设计案例，结合机械创新理论，详细介绍十二个案例创新的过程，引导提出改进设想，完成实践任务，锻炼动手能力，提高产品创新能力和实践能力。

［案例 3-1］ 带轮式摇摇车的开发与应用

（一）我要创新

1. 案例来源

我们经常会看到很多家长带着小孩在商店门口坐那种投币的电动摇摇车，如图 3-1 所示。但这种摇摇车体积较大、不便移动，不宜在住宅里摆放，家长只能在天气好的时候才能带小孩玩一会。针对电动摇摇车这些缺点，人们开发出了摇摇木马，如图 3-2 所示，这种木马轻便，在室内也能让小孩轻松的玩。

图 3-1 电动摇摇车

图 3-2 摇摇木马

2. 思维拓展

摇摇木马实现了小孩子在家里也能坐摇摇车的梦想。但是这种摇摇木马功能单一，它虽然轻巧，还是不便于带到室外玩，因此，很多家长在想：能不能在摇摇木马上装上轮子和推杆，使它即能当摇摇车，又能当小孩推车用呢？为此，利用机械理论中的连杆机构，将轮子合理地组合到的摇摇木马上，并在后面加上伸缩推杆，这样就发明了带轮式摇摇车，如图3-3 所示。当小孩想坐摇摇车时，只要将固定轮子的连杆翻转上去，它就成了摇摇车了；当家长想带小孩出去玩时，将连杆翻转下来，再用魔术贴将连杆绑定，它就成了儿童车了。所以，家长们的想法也通过创新实现了。

3. 我想创新

随着小孩一天一天地长大，家长们的问题又来了，他们在想带轮式摇摇车能不能当学步车使用。根据这个问题，能不能在带轮式摇摇车上进行创新呢？如图 3-4 所示。

（二）我可以创新

1. 方法选择

要在带轮式摇摇车上进行创新，使它能当学步车使用，我们可以应用 TRIZ 创新理论中"分离和组合"的方法对问题进行分析和研究。

2. 分离

图 3-3　带轮式摇摇车

通过分析摇摇木马、带轮式摇摇车和学步车的结构和特点，从它们身上分离出适合解决创新问题的功能，并进行提取。

（1）对摇摇木马进行分离

从摇摇木马中分离出"摇摆机构"，如图 3-5 所示。提取"摇摆机构"是保证创新方案中有摇摇车的功能。

图 3-4　摇摇车创新问题

图 3-5　分离摇摇木马

（2）对带轮式摇摇车进行分离

从带轮式摇摇车中分离出"万向轮""手推杆"和"轮子翻转机构"，如图 3-6 所示。提取"万向轮"是为了保证运动的灵活度。提取"手推杆"和"轮子翻转机构"是为了保证创新方案中有手推车的功能。

（3）对学步车进行分离

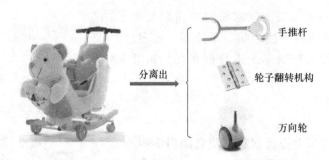

图 3-6   分离带轮式摇摇车

从学步车中分离出"柔性坐垫""简易框架",如图 3-7 所示。提取"柔性坐垫"是为了保证舒适度。提取"简易框架"是保证创新方案容易实现,且产品简便,同时保证提取出来的框架适合实现学步车的功能。

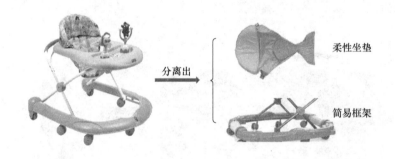

图 3-7   分离学步车

3. 组合

把从摇摇木马、带轮式摇摇车和学步车提取出来的功能进行合理组合就形成了我们想要的创新方案,再经过后续的设计和制造就可以实现一个安全、可靠、便利的多功能儿童车,如图 3-8 所示。

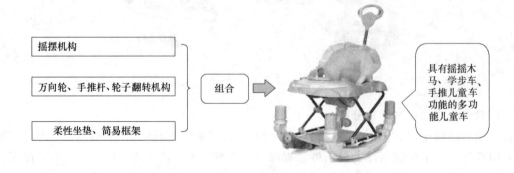

图 3-8   多功能儿童车

（三）我要实现

创新方案主要通过设计、备料、加工和组装、验证四个步骤来实现。

1. 设计

设计过程须注意以下事项：

① 使用三维机械设计软件进行设计（UG/Catia/Proe/Solidworks 等）。

② 设计结构简便，易组装；零件简单，易加工。

③ 总体结构设计完后须进行仿真分析（受力分析、运动分析等）。

④ 仿真验证后，出工程图纸、说明书。

⑤ 制订材料清单（BOM 表），表 3-1 所示。

表 3-1　材料清单（BOM 表）

序号	类别	BOM 层级 A	BOM 层级 B	BOM 层级 C	物料编码	物料名称	规格及说明	图号	用量	单位	零件位置	厂商	备注
					BOM 表			版本			日期		
产品名称					产品型号			物料编码					
制表组					制表			校对			审核		
1	产品	A											
2	结构件		B										
3				C									
4				C									
5	配件		B										
6				C									
7				C									
8				C									
9	辅材												
10													
11													

BOM 层级 A、B、C 表示 A 包含 B，B 包含 C

2. 备料

材料主要根据物料清单中描述的材质、规格去准备，需要购买的配件可在实体店或购物网站购买，尽量节约成本。

3. 加工和组装

加工和组装时应尽量使零件易加工、加工成本低，保证组装的产品可靠。还需要注意以下事项：

① 安全使用加工工具。

② 根据工程图纸加工。

③ 制订合理的加工工艺，节约材料。

④ 加工过程中持续改善，及时更正设计方案。

⑤ 保留加工工艺文件。

4. 验证

产品组装后要对产品进行可靠性验证，具体验证项目如表 3-2 所示。验证分数达到 80 分以上，说明创新方案实现。

表 3-2　多功能儿童车创新方案验证项目表

工序	考核项目	分值	得分
1	安全性能	20	
2	功　能	20	
3	便 利 性	15	
4	可 靠 性	15	
5	加工成本	15	
6	舒 适 性	15	
合　　计			

［案例 3-2］ 折叠式自行车车把锁的开发与应用

（一）我要创新

1. 案例来源

自行车是我们生活中常见的交通工具，它绿色环保使用方便，深受大家喜爱，但是长期以来困扰人们的问题是，自行车容易被盗。相信大家都有自行车被盗的经历，这不但给大家来了经济损失，也限制了自行车的发展和使用。为了防盗，人们发明了各种锁具，希望能阻止盗窃的发生。如图 3-9 所示的普通锁具，在自行车上应用普遍。即便有锁具，自行车被盗事件也频繁发生。

2. 思维拓展

通过以上的背景分析，大家都知道自行车上普遍使用了锁具，但自行车被盗事件也频繁发生。人们为此苦恼不已，于是便有人给自行车加上很多把锁，如图 3-10 所示。这种办法事倍功半，让人身心俱疲。增加用车成本的同时，也让本应该方便出行的自行车变成了累赘，问题出在什么地方呢？显然，这和现在普遍使用的锁具存在"增加负荷、需携带、易破坏"的缺点有关。

图 3-9　普通锁具

图 3-10　加上多把锁的自行车

3. 我想创新

通过以上分析，针对传统锁具"增加负荷、需携带、易破坏"的缺点，能否尝试将传统锁具的形式与机械结构结合起来，创造一种车锁一体，操作方便，安全可靠而又无需额外携带的锁具？

（二）我可以创新

1. 设计思路

借鉴成熟的设计经验和典型结构，应用类比、变形、组合的方法，选择几种应用广泛的机构进行参考设计，提取出其中符合创新设计要求的要素，再重新融合成为新的设计。

2. 总体设计

选择了以下几种机构进行创新要素的提取，逐步完成总体设计。

（1）自动伞锁止机构分析

图 3-11 给出了自动伞锁止机构的工作原理和过程示意。从图中可以清晰地看出自动伞锁止机构的操作流程，结合自行车的结构和特点，从自动伞锁止机构中提取出"连杆机构""滑轨""可折叠"三个要素，可以解决传统锁具增加负荷、需携带的两个缺点。

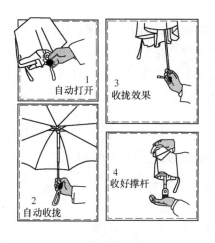
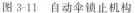

图 3-11　自动伞锁止机构

图 3-12　汽车用钳形车轮锁

（2）汽车用钳形车轮锁分析

如图 3-12 所示，为汽车用钳形车轮锁。钳形结构锁止力量较大，不易破坏，保证了锁具的安全。为此，从中分离出"钳形机构"，解决传统锁具易被破坏的缺点。

（3）现在将提取出的"连杆机构""滑轨""可折叠""钳形机构"结合自行车结构的特点进行变形，然后再将变形后的机构进行组合，使之形成一套可以完成自行车锁止并实现轻便、无需携带、不易破坏的新型锁具。为达到该目的，需要进行以下变形和组合：

① 将伞撑骨架变形为自行车车把；

② 仿照伞具锁设置两个锁止位置；

③ 仿照自动伞设计复位弹簧；

④ 锁具与车把利用连杆机构连接；

⑤ 为保证车把同步折叠使用齿轮传动。

以上总体设计通过类比、变形和组合，实现了锁具轻便、无需携带、不易破坏；增加安全性、减少空间占用。其中利用了机械原理、设计的知识，达到了机械创新的目的。

3. 部件设计

（1）折叠车把的设计

将一体车把分为两部分，设计出一个可以折叠的结构。为保证折叠操作时左右两部分车把能同步运动，利用了齿轮机构的特点，两个互相啮合的齿轮可以实现同步运动，将其设计在折叠车把的内端，如图 3-13 所示。

图 3-13　折叠车把

图 3-14　滑轨锁芯

（2）滑轨锁芯的设计

滑轨锁芯承接折叠式车把运动力量，并通过连接机构将运动力量传递到钳形机构。它由滑轨和中空的锁芯构成，通过类比自动伞并变形而来。锁芯在滑轨上可以自由滑行，滑轨有两个锁止位置，分别对应展开和锁止两个动作。当折叠车把完全展开时，自行车处于解锁状态，锁芯处于滑轨最上方；当折叠车把闭合时，自行车处于锁止状态，锁芯处于滑轨最下方。具体形式如图 3-14 所示。

（3）钳形锁具的设计

钳形锁具是折叠式自行车车把锁的执行机构，目的是通过钳形机构的开闭完成对车轮的释放和锁止。它固定在自行车前叉上，通过与滑轨相连，接受来自车把的动力，完成开闭动作。对应的开闭具体形式如图 3-15 和图 3-16 所示。

图 3-15　钳形锁具（开）

图 3-16　钳形锁具（闭）

（4）复位弹簧的设计

设计复位弹簧的目的是使得折叠车把能够自动复位，同时向钳形锁具传递动力。其设计要注意的是：在折叠车把完全展开时要处于自由状态，在折叠车把完成折叠时不能压并。同时应注意弹簧弹性系数的选择，控制复位力量不能过大。对应的复位弹簧的压缩和舒展如图 3-17 和图 3-18 所示。

图 3-17 复位弹簧（压缩）　　　　　　　　图 3-18 复位弹簧（舒展）

4. 设计评价

部件设计完成后，需要对设计进行评价，这个过程需重点分析设计结果同设计要求的一致性，以保证创新目的的达成。

（1）舒适方便

传统锁具需另行附带，对人们的出行造成了一系列的麻烦。

折叠式自行车把锁不需附带锁具，开锁和上锁都非常方便，更重要的是在停车拥挤的情况下可以轻易取出自行车。

（2）机械逻辑复合防盗

传统车锁以简单机械手段防盗形式单一，易被破坏。

折叠式自行车把锁以机械锁复合逻辑锁的新思维对自行车实施防盗。破坏机械容易，但破坏逻辑非常困难。车锁被破坏了，车把处于不稳定状态，就无法撑起，从而无法驾驶自行车，实现防盗。

（3）节省空间

传统自行车停放时车把撑起，占用了大量空间。

安装了折叠式自行车把锁的自行车，停放时车把下压，提高了对空间的利用率，放在家不占地方，放在停车场可以为更多自行车提供车位。

由此可以看出，通过创新设计的折叠式车把锁，达成了创新的目的，效果明显。最终设计效果如图 3-19 和图 3-20 所示。

图 3-19 折叠式车把锁（解锁）　　　　　　图 3-20 折叠式车把锁（锁止）

（三）我要实现

通过设计评价，我们已充分了解设计的具体细节和所需达成的设计效果。下面就需要动手实现设计方案。而方案主要通过设计、备料、加工和组装、验证四个步骤来实现。

1. 设计

设计过程主要注意以下事项：

① 使用三维机械设计软件进行设计（UG/Catia/Proe/Solidworks 等）。

② 设计结构简便，易组装；零件简单，易加工。

③ 结构设计完后须进行仿真分析（受力分析、运动分析等）。

④ 仿真验证后，出工程图纸，说明书。

⑤ 制订物料清单。

2. 备料

材料主要根据物料清单中描述的材质、规格去准备，需要购买的配件可在实体店或购物网站购买，尽量节约成本。材料清单见表 3-1。

3. 加工和组装

加工和组装时要尽量使零件易加工、加工成本低，保证组装的产品可靠。还需要注意以下事项：

① 安全使用加工工具。

② 根据工程图纸加工。

③ 制订合理的加工工艺，节约材料。

④ 加工过程中持续改善，及时更正设计方案。

⑤ 保留加工工艺文件。

4. 验证

产品组装后要对产品进行可靠性验证，具体验证项目如表 3-3 所示。验证分数达到 80 分以上，则认为创新方案实现。

表 3-3　车把锁验证项目表

工序	考核项目	分值	得分
1	安全性能	20	
2	功能	20	
3	便利性	20	
4	可靠性	20	
5	加工成本	20	
合　　计			

［案例 3-3］　节能车单向离合器的开发与应用

（一）我要创新

1. 案例来源

Honda 节能竞技大赛自 2007 年进入中国以来，已经成功举办了十多届。2014 年在中国已经创造了每升汽油 3779.638 公里的记录。而节能车节能关键就在于如何让发动机燃烧充分、动力够用、车辆滑行时能量损失少，所以车辆的滑行在车辆设计时是要重点考虑的因素。为了让节能车在滑行过程中阻力尽可能降低，驱动时又能平稳可靠结合。单向离合器就成了节能车设计的关键点。目前，市面上的单向离合器主要有超越离合器、自行车飞轮等，但是他们都存在各自的缺点。图 3-21 所示的超越离合器，其滚动阻力大，安装困难；图 3-22 所示的自行车飞轮，其滑行阻力大，传递扭矩小。可见这些离合器都不适用于节能车。

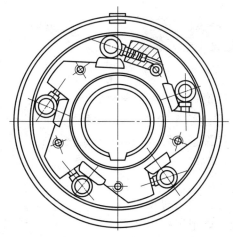

图 3-21 超越离合器

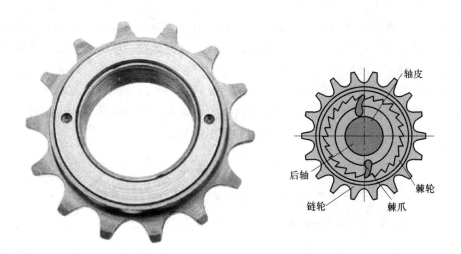

图 3-22 自行车飞轮

2. 思维拓展

通过以上的背景分析，可根据自己的情况设计出新离合器，如杠杆式棘爪离合器、弹簧式棘爪离合器等。但是他们也存在各自缺点，如图 3-23 所示的杠杆式棘爪离合器，其结构复杂，操作烦琐；图 3-24 所示的弹簧式棘爪离合器，其分离不彻底，滑行阻力大。所以这些离合器也不是最理想的设计，那还有没有结构更简单、可靠性更好、操作更简单的离合器呢？

3. 我想创新

考虑到车辆在滑行时要有非常好的滑行能力，所以在发动机停机情况下，车轮的滚动阻力必须做到最小。这样就要求在滑行过程中车轮的转动要独立，不能带着发动机一起转动。

图 3-23　杠杆式棘爪离合器

图 3-24　弹簧式棘爪离合器

这就决定了单向离合器在车辆滑行时必须是分离状态，不能给车轮增加阻力，在发动机驱动时能够平稳地结合并把动力传递给车轮。由此可见节能车离合器设计的要点就是独立、分离、结合、稳定。只要我们把握这些要点，避开其他离合器的缺点，然后设计新型的单向离合器就能满足要求。

（二）我可以创新

在机械基础和机械设计中已学习过螺杆（图 3-25）的旋转能让螺母轴向运动。而节能车车轮也是旋转的，如果我们能把螺杆用来驱动车轮，这样就可以解决驱动的问题，但是车轮的位置不能移动。所以车轮与螺杆之间还必须增加其他部件来实现连接。我们知道，联轴器（图 3-26）是可以实现动力的传递和分离的，如果把联轴器的一部分放在车轮上，另一部分放在螺杆上这样就可以实现分离和结合。车轮上的部分与车轮固定，能同步旋转。另外一部分就加工成内螺纹与螺杆配合，这样螺杆旋转时联轴器就能轴向有位移，从而与车轮上的部分结合，同时就可以带动车轮旋转实现驱动。但发动机停止工作时节能车要滑行，这时就要车轮与发动机分离彻底，车轮转动不能带动发动机。所以联轴器的棘爪要进行改装，保证在车轮自由转动时可以分离。现在需要通过以上的提示，结合所学的知识思考怎么能把联轴器和螺杆合理地组合设计实现单向离合器的作用，如图 3-27 所示。

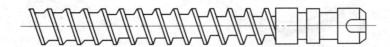

图 3-25　螺杆

图 3-26　联轴器

图 3-27　单向离合器

（三）我要实现

创新方案主要通过设计、备料、加工和组装、验证四个步骤来实现。

1. 设计

设计过程主要注意以下事项：

① 使用三维机械设计软件进行设计（UG/Catia/Proe/Solidworks 等）。

② 设计结构简便，易组装；零件简单，易加工。

③ 总体结构设计完后须进行仿真分析（受力分析、运动分析等）。

④ 仿真验证后，出工程图纸，说明书。

⑤ 制订材料清单（BOM 表），如表 3-1 所示。

2. 备料

材料主要根据物料清单中描述的材质、规格去准备，需要购买的配件可在实体店或购物网站购买，尽量节约成本。

3. 加工和组装

加工和组装时要尽量使零件易加工、加工成本低，保证组装的产品可靠。还需要注意以下事项：

① 安全使用加工工具。

② 根据工程图纸加工。

③ 制订合理的加工工艺，节约材料。

④ 加工过程中持续改善，及时更正设计方案。

⑤ 保留加工工艺文件。

4. 验证

产品组装后要对产品进行可靠性验证，具体验证项目如表 3-4 所示。验证分数达到 80 分以上，说明创新方案实现。

表 3-4　单向离合器创新方案验证项目表

工序	考核项目	分值	得分
1	功能	35	
2	安全性能	20	
3	可靠性	15	
4	便利性	15	
5	加工成本	15	
合计			

［案例 3-4］   智能车衣的开发与应用

（一）我想要创新

1. 案例来源

随着人们生活水平的提高，小汽车逐渐进入普通人的家庭。在车辆的使用中，外部环境对车辆的影响是很大的，车辆长期处于室外，日晒、沙尘、酸雨等天气对车辆危害极大，暴晒会加快车辆的老化速度，对车漆的影响尤为严重。有了车衣不仅防尘防土，更防止空气污染对车漆的损伤，是保护爱车的得力助手，如图 3-28 所示。

图 3-28   普通车衣

2. 思维拓展

全车衣是无缝隙的完全遮盖，这种方式从对于车身的保护性来说效果是最好的。但这种车衣的收放一个人很难完成，折叠时只能在地上进行，容易使车衣弄脏，从而损失车漆。针对上述问题，人们发明了普通智能车衣，如图 3-29 所示，这种车衣的收放都在车上进行，因此不容易弄脏，能更好地保护汽车的车漆。但是普通智能车衣只能自动收，不是很方便。

图 3-29   普通智能车衣

3. 我想创新

随着生活节奏的加快，人们的问题又来了，他们在想普通车衣的使用再节约一点时间。根据这个问题，能不能在普通智能车衣上进行创新呢？如图 3-30 所示。

普通智能车衣的缺点是因为车衣布较软，展开时不能形成骨架撑开。这时能不能借用伞的骨架结构来支撑车衣呢？但金属骨架容易刮花车漆，那么有什么柔软的骨架呢？通过观察，发现儿童玩耍的充气城堡可以利用充气的方法来撑起整个玩具。如图 3-31 所示。

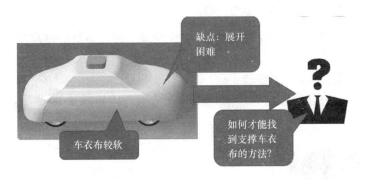

图 3-30 普通智能车衣创新问题

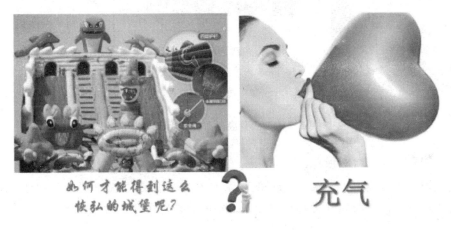

图 3-31 充气城堡

那么可不可以将充气城堡的充气方法应用到普通智能车衣上来撑开车衣呢？如图 3-32 所示。

图 3-32 自动充气车衣的创新

（二）我可以创新

1. 方法选择

要在普通智能车衣上进行创新，进一步节约它的使用时间，我们可以应用 TRIZ 创新理论中"分离和组合"的方法对问题进行分析和研究。

2. 分离

通过分析普通智能车衣、充气城堡的结构和特点，从它们身上分离出适合解决创新问题的功能，并进行提取。

（1）对普通智能车衣进行分离

从普通智能车衣中分离出电机带动轴转动收纳车衣，如图 3-33 所示。提取电机带动轴转动卷起车衣，是因为收纳动作简单易行。

提取

理由：收纳的动作简单易行

电机带动轴转动，
将车衣卷起来

图 3-33　分离普通智能车衣

（2）对充气城堡进行分离

从充气城堡中分离出"气泵""导气管"，如图 3-34 所示。提取"气泵"是为了保证导气管能有高压气体。橡胶导气管具有弹性，柔软可折叠，而且不会刮花车漆。

提取

理由：橡胶导气管具有弹性，
可折叠；充气后具有一定的弹性

电机可带动气泵，
气泵为导气管充气

图 3-34　分离充气城堡

3. 组合

把从普通智能车衣和充气城堡提取出来的功能进行合理组合就形成了我们想要的创新方案，如图 3-35 所示，再经过后续的设计和制造就可以创新出收放方便的车衣。

（三）我要实现

创新方案主要通过设计、备料、加工和组装、验证四个步骤来实现。

1. 设计

设计过程主要注意以下事项：

① 使用三维机械设计软件进行设计（UG/Catia/Proe/Solidworks 等）。

② 设计结构简便，易组装；零件简单，易加工。

③ 总体结构设计完后须进行仿真分析（受力分析、运动分析等）。

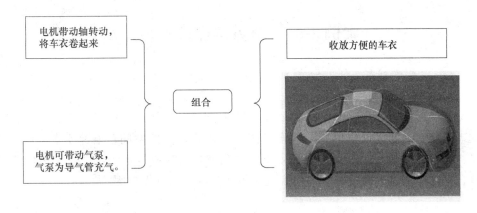

图 3-35 功能组合

④ 仿真验证后，出工程图纸，说明书。

⑤ 制订材料清单（BOM 表）。

2. 备料

材料主要根据材料清单（见表 3-1）中描述的材质、规格去准备，需要购买的配件可在实体店或购物网站购买，尽量节约成本。

3. 加工和组装

加工和组装时要尽量使零件易加工、加工成本低，保证组装的产品可靠。还需要注意以下事项：

① 安全使用加工工具。

② 根据工程图纸加工。

③ 制订合理的加工工艺，节约材料。

④ 加工过程中持续改善，及时更正设计方案。

⑤ 保留加工工艺文件。

4. 验证

产品组装后要对产品进行可靠性验证，具体验证项目如表 3-5 所示。验证分数达到 80 分以上，说明创新方案实现。

表 3-5 智能车衣创新方案验证项目表

工序	考核项目	分值	得分
1	安全性能	20	
2	功能	20	
3	便利性	15	
4	可靠性	15	
5	加工成本	15	
6	舒适性	15	
合计			

［案例 3-5］　全方位焊接工装开发与实践

（一）我要创新

1. 案例来源

在实际焊接结构生产中，需要在不同的位置对结构进行焊接。在进行焊接操作时会发现，焊接有不同的操作位置。焊接时的操作位置，按照空间位置来分，可以分为平焊、立焊、横焊、仰焊，如图 3-36 所示。那么如何实现学校或者企业在进行焊接培训过程中的平、横、立、仰全位置焊接呢？如何实现对板或管的全位置焊接呢？

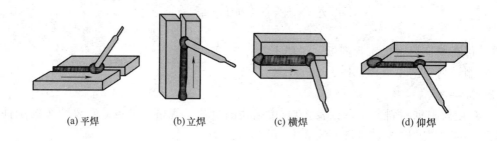

| (a) 平焊 | (b) 立焊 | (c) 横焊 | (d) 仰焊 |

图 3-36　焊接操作位置示意图

2. 思维拓展

要实现全位置焊接，需要一种焊接装置，即焊接工装。焊接工装是一套柔性的焊接固定、压紧、定位的夹具。如图 3-37 所示。如果我们需要将两块板焊接在一起，为了防止板在焊接过程中移动和变形，影响焊接操作，使用了焊接工装将其固定在工作平台。

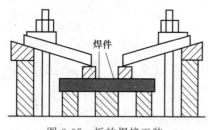

图 3-37　板的焊接工装

图 3-38　焊接变位器

焊接工装除了能够实现定位夹紧，还能够让工件在空间中转动，从而实现让焊缝的位置改变的功能，比如将仰焊变为平焊。在实际焊接结构生产中，使用到的焊接变位器，就是用来拖动待焊工件，使其待焊焊缝运动至理想位置进行施焊作业的设备，如图 3-38 所示。

3. 我想创新

实际生产中的焊接工装如图 3-39 所示。图 3-39（a）中的工装可以实现将工件加紧后的翻转，使焊枪能够到达相应的焊接位置；图 3-39（b）中的工装是用滚轮架将筒体滚动，使焊接一直保持在水平位置。这两种工装的特点：第一，工装结构大，而一般学校和企业培训车间面积都比较小，此工装不适用；第二，这些工装都是专用于某一种工件的生产，并不适合夹紧训练用的小的板和板管。因此需要设计一种适合培训的焊接工装。

(a)

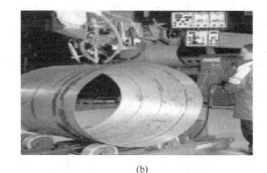
(b)

图 3-39　焊接工装在生产中的使用

（二）我可以创新

要设计一种适合培训的焊接工装，我们可以应用 TRIZ 创新理论中"分离和组合"的方法对问题进行分析和研究。

通过前面所学习的知识可以看出，焊接工装可分三个部分：底座、支架和夹紧装置。

1. 分离

如图 3-40 所示，首先是焊接工装的底座，为了保证工装的稳定性，底座一般需要重量比较大的材料，通常焊接工装使用钢板作为底座，其优点是质量重、重心稳定、价格比较便宜。其次是焊接工装的立柱，立柱固定在底座上，图 3-41 这种结构上，立柱采用圆柱形，在上面套上管件，比较方便地进行了上下位置的调节。这种结构也可以考虑继承。

图 3-40　焊接工装底座

图 3-41　焊接工装立柱

最后是夹紧装置，图 3-42 都是用螺栓作为加紧装置，设计时，从节约成本、使用方便、快捷的方向出发，设计夹紧装置。

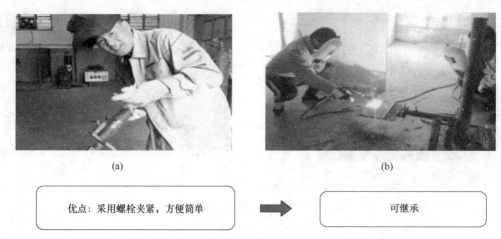

(a)　　　　　　　　　　(b)

图 3-42　焊接工装夹紧装置

2. 组合

底座要求稳定、重心靠下，管板夹具要求方便装夹、能旋转角度，并在支架上可上下调节，支架需要保证高度，并且经济耐用。因此可将上述保留结构进行重新设计组合，如图 3-43 所示。

图 3-43　组合各部件要求

（三）我要实现

1. 设计

在设计时除满足工装使用要求外，还需满足以下要求：

① 采用三维软件进行设计。

② 结构尽量简单、调节容易，易加工。

③ 出具设计图纸和使用说明。

④ 制订材料清单。

2. 备料

材料主要根据材料清单（见表 3-1）中描述的材质、规格去准备，需要购买的配件可在实体店或购物网站购买，尽量节约成本。

3. 加工和组装

加工和组装时要尽量使零件易加工、加工成本低，保证组装的产品可靠。还需要注意以下事项：

① 安全使用加工工具。

② 根据工程图纸加工。

③ 制订合理的加工工艺，节约材料。

④ 加工过程中持续改善，及时更正设计方案。

⑤ 保留加工工艺文件。

4. 验证

产品组装后要对产品进行可靠性验证，具体验证项目如表 3-6 所示。验证分数达到 80 分以上，说明创新方案实现。

表 3-6　全方位焊接工装创新方案验证项目表

工序	考核项目	分值	得分
1	安全性能	20	
2	功能	20	
3	便利性	15	
4	可靠性	15	
5	加工成本	15	
6	舒适性	15	
合计			

［案例3-6］　清凉太阳伞的开发与实践

（一）我要创新

1. 案例来源

从古至今扇子都是我们夏天降温的常用工具，扇子成本虽然很低，但是需要人们自己运动产生风（图 3-44），而且也避免不了阳光的直射。随着人们生活水平的提高，它已不能满足人们外出的降温要求。

图 3-44　扇子降温

图 3-45　太阳伞的使用

为了遮防太阳光降温，同时防止紫外线对皮肤的伤害，人们开始了太阳伞的使用（图 3-45）。虽然太阳伞下可以避免阳光的直射，但周围的高温热气仍给人酷暑难耐的感觉，同样难以舒适出门；并且市场调查显示，通常一把遮阳伞的价格在 30～400 元不等，所以使用太阳伞外出，并不能达到理想的降温效果，性价比也不高。

2. 思维拓展

为解决夏天降温的问题，近些年人们也创新出了一些产品，其中最流行的是带风扇的帽子（图 3-46），这种创新虽在一定程度上达到降温效果，但降温区域有限，效果不是很明显；不但避免不了太阳的直射，而且戴在头上也不自在，最麻烦的是需要经常更换电池，使用过程持续产生的消费成本只升不降，既不利于能源的利用，也破坏环境。这些缺点的存在也制约了带风扇的帽子的普及，故此种方法也不是解决夏天降温的最佳选择。

3. 我想创新

扇子、太阳伞、带风扇的帽子这样三种工具在夏天遮阳降温方面各自都有自己的优缺点，但都不能很好地满足我们夏日出行降温的需求，那么我们能不能综合它们的优点（图 3-47），创新出一种新型的出行降温的工具呢？

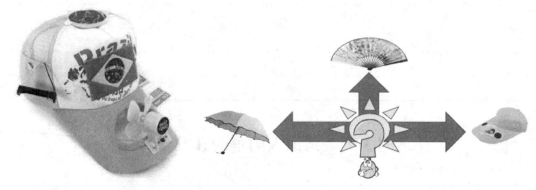

图 3-46　带风扇的帽子　　　　　　　　图 3-47　降温工作的创新思考

（二）我可以创新

太阳伞，能够遮挡阳光，避免直晒。太阳，万物生长的依靠，能够带来热量；热量本身又是一种能源，故太阳能是一种干净、绿色、储量大、清洁环保的可再生能源。我们可以从太阳能入手，有了能源就能很方便解决后续其他问题。

太阳能的利用需要一种转化装置——太阳能电池板，目前市场上有一种柔性的太阳能电池板（图 3-48），它是薄膜太阳能电池的一种，能把太阳光转换为电压和电流，是一种光电转换装置，而且性能优良、成本低廉、用途广泛。它可以在太阳能背包、太阳能手电筒、太阳能汽车、太阳能帆船以及太阳能飞机上得到应用。我们能不能让这种太阳能电池与太阳伞进行结

图 3-48　柔性太阳能电池板

合，使太阳伞具备能量呢？答案是当然可以。但柔性的太阳能电池板是一种光能转化为电能的发电设备，并不能储存电能，故我们还需要一块蓄电池，用来储存电能，这样用电的问题就解决了。为了遮阳，太阳伞是必须要保留的部分，我们可以以太阳伞为基础，在太阳伞上进行适当设计，来满足我们的需求。太阳伞可以遮阳这是它的优点，但是不能送风，我们只需要给他增加送风功能，就完美了。现在，电源的问题解决了，我们只要再设计出供电线路和控制系统，就可以为太阳伞装上电风扇，保证电动机的正常运转，进而带动风扇叶的旋

转。这样，一种新型的、无污染的、清凉的太阳能发电伞就诞生了。

（三）我要实现

1. 方法选择

要在太阳扇上进行创新设计，使它能具备主动送风功能，我们可以应用 TRIZ 创新理论中的"分离和组合"方法对问题进行分析和研究。

2. 创新实践

通过分析太阳扇的结构和特点，我们需要从其他物品上分离出合适的零件与太阳伞进行有机地组合才能实现我们的创新设计。

（1）原理构思

太阳扇可以遮挡阳光，光可以发电，发电需要用到太阳能电池板，需要用到电路系统结构。实践的开始，我们需要对太阳能发电伞进行一番的设计，布置好各组成部分的相对位置关系、运行过程中的动作关系、需要的材料和工具以及电路和控制系统的设计等。只有在周密设计的前提下，我们的创新发明才能一步步顺利实现。图 3-49 是太阳能发电伞设计的一个图样，仅供大家参考，里面的细节内容还需要大家进一步完善。

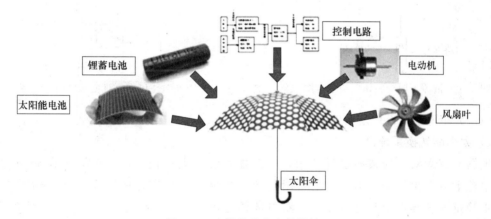

图 3-49　太阳能发电伞的设计

（2）清凉太阳伞总体结构设计

如图 3-50 所示，为了使伞保持普通太阳伞所具有的结构简单、轻便和收缩的特性，在普通伞的基础上进行了创新改制。清凉太阳伞主要由柔性太阳能电池、太阳伞、小风扇、USB 接口、锂蓄电池和控制转换电路等组成。如图 3-50 所示，为使清凉太阳伞轻便美观，可将柔性太阳能电池封装在外伞面，所有线路藏于伞的中杆内；小风扇安装在内伞面与伞骨架之间的中杆上；控制转换电路、开关及锂蓄电池安装在经过相关设计的伞柄中；为安全起见，在伞中杆的卡口处设计安装一个安全开关。使用时，将伞完全撑开，伞架上的卡头就会卡在卡口处，将安全开关打开。当伞面受到阳光直射时，太阳能电池就会将光能转换为电能，通过稳压电路给锂蓄电池充电，在室内没有太阳光时，还可以利用 USB 接口通过家用电源给锂电池充电。当打开手柄上的开关后，锂电池便可以通过升压电路使风扇工作。手柄作应急电源时，只要将电子产品的 USB 接头插在手柄的 USB 接口上就可以为其充电了。

（3）风扇结构分析

通过观察普通风扇伞我们发现风扇电机的转轴被固定在中棒上（图 3-51），不能转动。

当电机通电时，电机的定子和转子就会相对转动，而现在转子（转轴）被固定，所以此时定子（与电机外壳相连）就会相对于转轴转动，风扇叶片与外壳相连，这样外壳就会带动叶片旋转而产生风。通过对风扇结构的研究，风扇的叶片与电机的外壳是铰链连接，在风扇没有工作时，叶片就会因重力自然垂下，大大减小风扇在伞中所占用的空间，方便伞的收拢。当风扇开始工作时，叶片跟随电机外壳旋转，使得叶片受到一个离心力而张开。

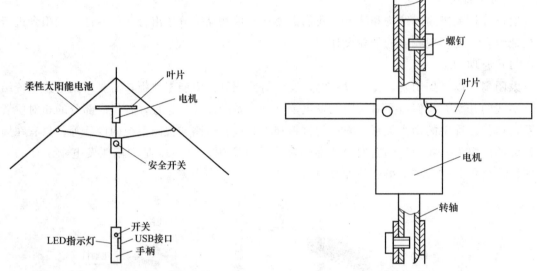

图 3-50　清凉太阳伞整体框架示意图　　　　图 3-51　风扇电机安装结构示意图

（4）太阳能系统设计及元件选型

1）太阳能转换系统设计

根据清凉太阳伞的整体设计要求，太阳能系统的设计框如图 3-52，太阳光照射到太阳能电池上后产生电能输出，由于太阳能产生的电流不稳定，所以需要通过恒流充电电路才能稳定、连续地给蓄电池充电，蓄电池的电压是 3.7V 不能达到负载所需要的电压，所以蓄电池需要通过升压放电电路才能给风扇电机提供电能。为了使清凉太阳伞的供能更人性化，我们增设了 USB 接口以便进行电能输入和输出。太阳能系统能量转化关系如图 3-53 所示。

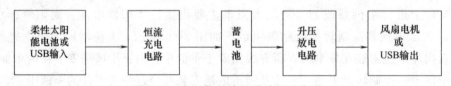

图 3-52　太阳能系统的设计框示意图

2）太阳能电池的选择

经网络查寻，柔性太阳能电池的工作电压为 1.5V，由于 1.5V 的电压太小，我们需要串联四块同样的电池片为负载供电，这样太阳能电池组的输入电压可达到 6V。太阳能电池板的净尺寸为 18cm×4cm×0.05cm，出厂标称正午太阳光直射板面时，它的电流在 500～700mA，电压为 2V。此太阳能电池携带很方便，在强光下充电效果好，是携带充电设备的好材料。

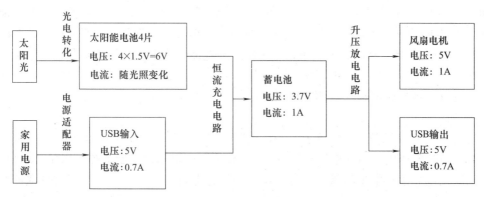

图 3-53　太阳能系统能量转化关系示意图

3）蓄电池的选择

在选择蓄电池时，要考虑电能的储存问题，因为单纯的太阳能电池组产生的电流不稳定、不能连续地给负载供电，不使用时会浪费电能。所以需要一个蓄电池来储存，根据伞的手柄小、负载的耗电量大、伞的使用年限长的特征，我们选择的蓄电池必须要体积小、容量大、寿命长，为了满足这些要求我们选择 18650 蓄电池（图 3-54）。

图 3-54　18650 蓄电池

① 电池参数。

名称：UitraFire 18650；

材料：锂电池（Li-ion）；

品牌：神火；

型号：18650；

规格：ϕ18mm×65mm；

容量：4800mA・h；

重量：50g；

寿命：1000 次以上；

标准电压：3.7V；

推荐电流：1A；

最大电流：2A；

工作温度：−20～50℃。

② 电池特点。

18650 蓄电池可以随充随用，安全系数高，不会爆炸，不会燃烧；是无毒、无污染的环保电池，通过 RoHS 商标认证，各种安全性能达标，循环充电次数可达 1000 次以上；耐高温性能好，温度在 65℃时的放电效率达 100%。为防止电池工作时短路，18650 锂电池的正负极是在两端的，所以将它发生短路的可能降到了最低。电池可以加装保护电路，避免电池过充或者过放，这样能够延长电池的使用寿命。

③ 充电说明。

电池充满电的容量是 4800mA·h，在阳光充足的情况下，太阳能电池组 8 小时能够使电池充满。通过升压电路后的输出电压为 5V，充满电的电池经试验测得可以给 1200mA·h 的手机电池充电 4 次，给伞的风扇供电 2 小时，储存电量一般能够满足人们的日常需要。

4）电机的介绍

考虑了整个清凉太阳伞的结构，风扇的电机可采用双轴电机，如图 3-55 所示。根据太阳能电池组提供的电压，电机的标称电压为 5.2V，工作电压为 5～9V，额定电流为 500mA，额定转速为 1360 转/分。

5）恒流充电模块

由于 4 片串联起来后的太阳能电池组电压是 6V，并且太阳能电池产生的电流并不稳定，是会根据太阳光的强弱而发生变化的，所以太阳能电池组不能给 3.7V 的 18650 蓄电池直接充电。故我们可以通过 CN3082 芯片给锂电池充电，CN3082 是可以对多种蓄电池充电进行控制的芯片（图 3-56）。本芯片只需很少的外围元器件，并且符合 USB 总线技术规范的要求，适用于便携式产品的制作。

图 3-55　双轴电机

图 3-56　CN3082 芯片

（5）手柄设计

1）手柄相关尺寸的确定

由于要在伞的手柄中放置电路板、开关、蓄电池和连接伞的中杆，所以我们在对手柄进行设计时，必须考虑这些东西的尺寸，根据相关尺寸及经验进行设计。

① 电池及伞中杆尺寸。

根据我们前面选择的锂电池 18650 的规格是 φ18mm×65mm 和电池正负极弹簧片的大小可以初步确定电池盒部分的尺寸；通过对普通伞的中杆进行测量，伞中杆的尺寸为 φ10mm，我们就可以确定伞中杆和手柄连接处孔的尺寸。

② 开关尺寸。

由于在伞的手柄中将放置开关，所以必须根据开关的尺寸来确定开关在手柄中的尺寸及位置。

2）手柄设计

如图 3-57、图 3-58 所示。

图 3-57 手柄装配图

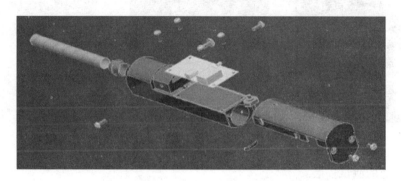

图 3-58 手柄分解图

① 手柄座。

手柄座是手柄最主要的一部分，在它的里面将放置蓄电池、开关、电路板、电池正极弹簧片、相连导线及连接伞的中杆，并与手柄盖通过螺钉连接组合成一个完整的手柄。根据以上部件的大小，手柄座大体为一个被切掉两边的圆柱体，尺寸为 $\phi36mm\times138mm$；根据蓄电池的尺寸，设计电池盒为 $\phi19mm\times65.5mm$；电路板的大小由 PCB 设计可知 27mm $\times$ 62mm，根据情况固定螺钉选用 M3$\times$6mm；由于导线是由中杆连接电路板的，所以手柄座的电路板与中杆之间需要一个孔连通，设计为能放下 4 根导线的尺寸 $\phi5mm$；手柄座与中杆的钉紧螺钉选用 M4$\times$12mm，与手柄盖的固定螺钉为 M3$\times$8mm。

② 手柄盖。

为了使手柄盖与手柄得到更好的配合，就需要根据电路板中 USB、LED 的位置进行设计，手柄盖还将放置电池的负极弹簧片，所以要设计一个弹簧片卡槽。

③ 防水塞。

由于方便手柄盖上电池负极弹簧片的放置，所以手柄座和手柄盖连接后会出现一个孔，故需要一个防水、防尘的橡胶塞堵住这个孔。

为了更好地连接手柄和伞的中杆，防止手柄松动，所以在手柄和中杆的连接处设计了一个橡胶的防水塞，这样既固定了手柄又防止了水流入手柄中。

（6）太阳能电池的测试安装

通过对太阳能电池的光照实验显示，一块太阳能电池的工作电压在 1.5V，4 块串联的工作电压为 6V，在一般光照下的电流为 300mA 左右，正午最强光照的电流为 600mA。根据实验数据，太阳能电池满足本产品的设计。

将 4 块太阳能电池串联后分布在伞面上，并将导线通过中杆连接到伞柄中的控制开关。通过光照实验发现一般光照环境下太阳能电池组能够带动风扇旋转。可以通过如图 3-59 所示进行太阳能电池带动实验。

图 3-59　太阳能电池带动实验

（7）锂电池的测试安装

将锂蓄电池装入控制电路，连接电路，伞中的风扇能够正常工作，风也能给人凉爽的感觉，并且将伞进行光照实验时，控制电路显示为充电状态，说明锂蓄电池能够作为本设计的中间电源（图 3-60）。

图 3-60　锂蓄电池带动风扇实验

（8）整体的安装调试

最后的调试阶段，我们将风扇安装固定在伞面和伞骨架之间，没通电时，叶片自然垂下，通电时因离心力而旋转。锂电池及充电器安装在伞柄中，控制开关和充电接口安装在伞柄上，所有线路及导线通过中杆连接，为了保证安全，在中杆上安装一个安全开关，只有当伞撑开时才闭合。所以部件通过安装固定后，清凉太阳伞携带就跟普通的伞一样方便，并且能够满足本设计要求，如图 3-61 所示。

图 3-61　清凉太阳伞工作图

3. 实践总结

清凉太阳伞借助柔性太阳能电池，实现了太阳能向电能的转化，可有效持久地驱动扇叶转动，既遮阳又送风，并可转换储存太阳能为手机等电子产品充电。使用过程一般不产生新的费用，还避免了普通风扇伞经常性更换电池的问题，为人们在炎热夏天出行提供了新的选择。清凉太阳伞在结构上采用与原来太阳伞相似的轻便折叠结构；在功能上比一般携带的降温工具降温效果更好；在技术方面采用了太阳能控制系统，既做到了节能环保，又做到了其他伞没有的功能。蓄电池还能通过 USB 接口给手机等电子产品充电，并且在伞的结构与重量上保持基本不变，做到了伞的统一性。在能源危机的情况下，清凉太阳伞利用环保、可再生能源，实现了伞类的科技创新。

清凉太阳伞的设计改变了太阳伞的单一遮阳功能，能有效送风降温，改善高温酷热的出行条件且该伞集遮阳、送风、移动充电功能于一体，使用安全可靠，节能环保、成本合理。大众化的价格，极高的性价比，应该能在生活中得到推广，所以说清凉太阳伞具有很好的使用前景和市场潜力。

［案例 3-7］　节能车车身外观设计与实践

（一）我要创新

1. 案例来源

Honda 节能车竞技大赛搭载由 Honda 公司统一提供的 125cc 低油耗四冲程发动机，车架和车身等则由各车队独立创作完成。最终以燃油消耗量多少而一决胜负，燃油的消耗量多少与行驶空气阻力有关。因此，应该合理改进节能车车身外观，尽可能地减少行驶空气阻力。

2. 思维拓展

某参赛队节能车外形如图 3-62 所示，该节能车车身方面存在以下问题：

① 节能车车身与其他参赛队比较而言，车身外观设计较差；

② 车身迎风面积较大，风阻较大；

③ 车身表面制作粗糙，车身比较笨重。

3. 我想创新

要做到节能、低油耗，在车身设计时应考虑轻质量、有足够刚度和强度、较小的风阻系

图 3-62 节能车外形

和较强可塑性等因素。在材料满足以上条件下，设计出拥有完美曲线的车身形状。

（二）我可以创新

1. 方法选择

应用 TRIZ 理论中"分离和组合"的方法对问题进行分析和研究。通过与其他参赛队的节能车车身对比分析，发现可以从行驶风阻、车身形状、车身材料三个方面入手。

具体分析如下：

① 开放式车身与半包式车身的对比（图 3-63）。

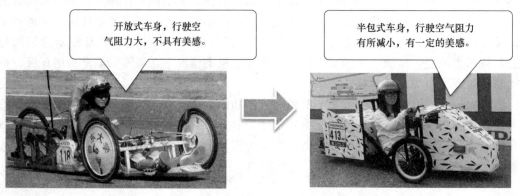

> 开放式车身，行驶空气阻力大，不具有美感。

> 半包式车身，行驶空气阻力有所减小，有一定的美感。

图 3-63 开放式车身与半包式车身

② 半包式车身与全包式车身的对比（图 3-64）。

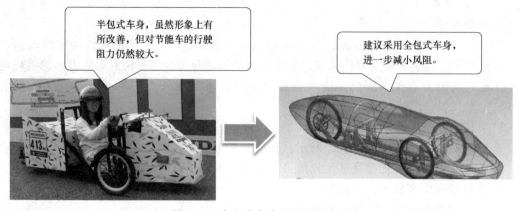

> 半包式车身，虽然形象上有所改善，但对节能车的行驶阻力仍然较大。

> 建议采用全包式车身，进一步减小风阻。

图 3-64 半包式车身与全包式车身

③ 车身外观形状的优化（图 3-65）。

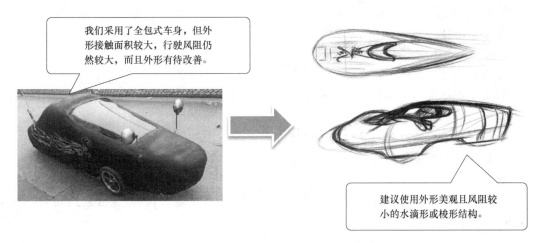

图 3-65　车身外观形状的优化

2. 车身材料的选择

选取车身材料时，应考虑材料质量轻、具有一定的强度和刚度。根据要求和参数对比，选出最适合制作节能车车身的材料—碳纤维。碳纤维是高级复合材料，具有轻质、高强、高模、耐化学腐蚀、热膨胀系数小等一系列优点。

3. 组合

组合模型如图 3-66 所示。

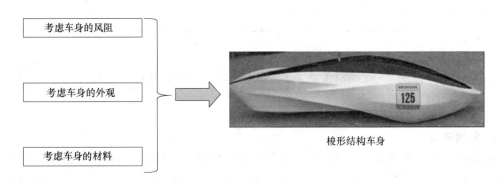

梭形结构车身

图 3-66　组合模型

（三）我要实现

创新方案主要通过设计、备料、加工和组装、验证四个步骤来实现。

1. 设计

设计过程主要注意以下事项：

① 使用机械设计软件进行设计（UG/Catia/Proe/Solidworks 等）。

② 设计风阻小、外形美观、轻质量的车身。

③ 总体结构设计完后须进行仿真分析或风阻测试。

④ 仿真验证后，出工程图纸，制作说明书。

⑤ 制订材料清单（BOM 表）。

2. 备料

材料主要根据材料清单（见表 3-1）描述的材质、规格去准备，需要购买的配件可在实体店或购物网站购买，尽量节约成本。

3. 加工和组装

在制作过程中还需要注意以下事项：

① 安全使用加工制作工具。

② 根据工程图纸加工制作。

③ 制订合理的制作工艺，节约材料。

④ 制作过程中持续改善，及时更正设计方案。

⑤ 保留加工制作工艺文件。

4. 验证

设计制造后要对产品进行可靠性验证，具体验证项目见表 3-7。验证分数达到 80 分以上，说明创新方案实现。

表 3-7　节能车身创新方案验证项目表

工序	考核项目	分值	得分
1	外观造型	20	
2	仿真结果(风阻大小)	20	
3	设计图纸	15	
4	车身刚度	15	
5	制作流程	15	
6	加工成本	15	
得分			

［案例 3-8］　变体式车轮设计

（一）我要创新

1. 案例来源

在战场前线以及沙滩、泥泞崎岖、冰雪等不良路面，现有轮式或履带式运输装备就会暴露出自身缺点。轮式装备行驶速度快、机动性强，但适应地形的能力差，在恶劣道路环境下容易抛锚趴窝。随着部队向纵深推进，履带式装备虽然越障性能好但机动性差、行驶速度慢、对路面破坏性大，严重影响部队行进速度。

2. 思维拓展

根据使用功能需要分析，若有一种新型的轮履复合变体式车轮，能够更容易满足不良路面的运输需要。该车轮可以与普通车轮互换直接应用于我军后勤运输车。在战术保障区域内，车辆以轮式快速平顺地行进；在恶劣路面以及战斗区域，变体式车轮通过自身机构伸展为角度可控的三角履带，可大大提高保障效率和灵活性。变体式车轮总功能就是通过车轮可重构技术，实现轮式和履带式两种状态的相互转换，并且在两者状态下都可以平稳行进。

3. 我想创新

经过查阅资料发现，目前国内外还没有类似变体式车轮的研究，因此对于变体式车轮的设计可参考的资料十分有限。我们只能基于机械设计创新方法，对变体式车轮进行分析、求解、评价，并提出一种切实可行的设计方案。

（二）我可以创新

1. 方法选择

功能分析设计法是现代机械设计领域非常重要的一部分，其思路是分析系统的输入和输出分别是什么，通过"黑箱"法来确定该技术系统的总功能。然后将总功能逐级剖析，直到分功能和功能元都至少有一种实体解答方案与之对应。将这些解进行组合便可以得到不同的设计方案，最后通过评价和决策得到最佳方案，如图 3-67 所示。

为克服变体式车轮设计的复杂性，通过功能分析设计法将变体式车轮功能分解成行进与变形两部分，再进一步细分为传动方式、形变方式、形变履带、驱动方式、形变动力等功能元。通过对功能元求解和组合得到多种变体式车轮设计方案，通过评价与决策最终确定一种满足性能要求的设计方案。

2. 总功能的分析确定

总功能分析需在明确设计任务的基础上进行。"黑箱法"是工程设计中常用的方法，利用对未知系统的外部观测，分析该系统与环境之间的输入和输出，通过输入和输出的转换关系确定系统的功能特性，进一步寻求实现该功能、特性所需具备的工作原理与内部结构。变体式车轮黑箱如图 3-68 所示。

（三）我要实现

1. 总功能的分解

现代机械系统往往是多种技术系统的综合，设计者难以直观地提出符合要求的设计方案。技术系统是有层次的，可以逐层分解：总功能—分功能—功能元。功能元是技术系统可划分的最小单元，往往可以在现有的系统中找到满足其要求的机构。功能分解可用功能树的形式来表达，对总功能进行分解，变体式车轮功能树如图 3-69 所示。一方面，变体式车轮如何像普通车轮那样可以不断行进；另一方面，变体式车轮如何展开成履带式状态，这其中便涉及变体式车轮的变形方式。通过一定的机械结构可以使得变体式车轮在轮式状态和履带式状态之间顺利转换。

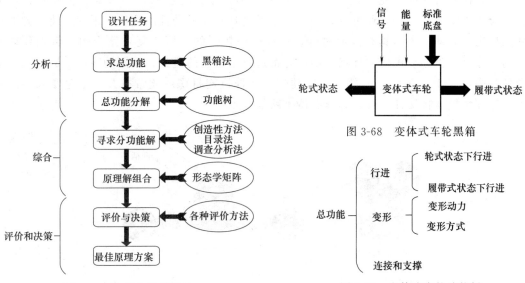

图 3-67　功能分析设计法

图 3-68　变体式车轮黑箱

图 3-69　变体式车轮功能树

功能结构图可以使技术系统由黑箱变为灰箱，甚至白箱，从而得出整个技术系统的实体解答方案。要使变体式车轮能够在驱动轴的驱动下行进，需要合理地设计变体式车轮内部传动系统。轮式状态在展开成履带式状态的过程中，变形履带的变形方式尤为重要，因此要合理地设计变形履带的结构。图 3-70 为变体式车轮功能结构。

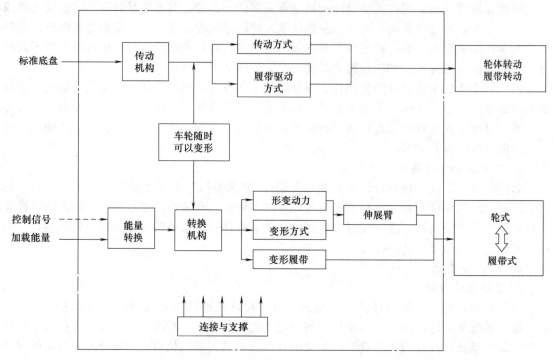

图 3-70 变体式车轮功能结构

2. 功能元求解

通过对系统总功能的分解，可以大致了解系统的功能原理，这就是分功能或是功能元求解的问题。移动机构的车轮构造、类型及功能繁多，包括轮胎式、履带式、步履式、轨道式、组合式、变体式等。大致可分为两类：一类是具有高机动性的适用于平地高速行驶的轮式移动机构；另外一类是具有高通过性、越障能力较强的适用于复杂路面的履带式移动机构。为了综合两类移动机构的优点，国内外都进行了大量的研究，美国的 Viper 机器人，车轮内部结构如图 3-71 所示，内部电机转动带动连杆机构将橡胶履带撑开，车轮变成类三角履带，能够轻松地爬楼梯，行走碎石、沙土路面。

图 3-71 Viper 机器人车轮内部伸展机构

我们可以利用形念分析法中的形态学矩阵对功能元进行求解。形态学矩阵 X 轴为功能元的解，Y 轴为功能元，不同功能元的不同解法随机组合即可得到一种设计方案。通过查阅多种资料来寻找符合要求的局部解，变形式车轮形态学矩阵如图 3-72 所示。

功能元	局部解			
	1	2	3	4
A. 传动方式	外行星轮传动 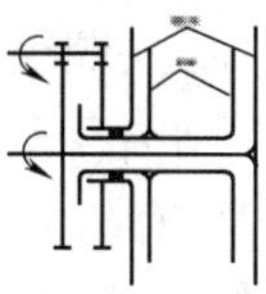	内行星轮传动 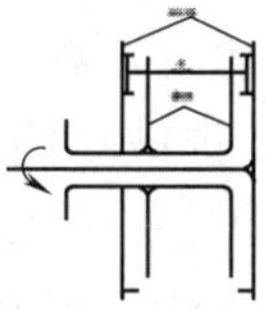	—	—
B. 变形方式	轮体交错 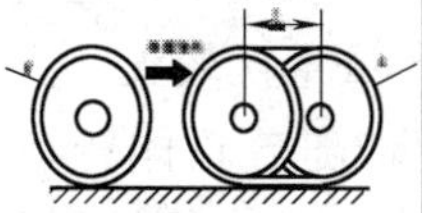	履带周长不变 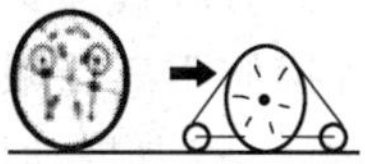	轮毂半径不变 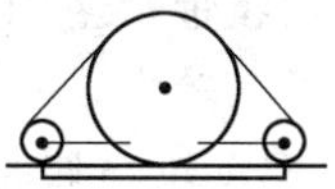	—
C. 变形履带	整体橡胶 	直线拉伸式 	旋转拉伸式 	—
D. 履带驱动	摩擦传动	齿啮合传动	摩擦传动 + 齿啮合传动	—
E. 形变动力	电机 	电动缸 	气动缸 	液压缸 

图 3-72　变形式车轮形态学矩阵

在众多方案中，由定性到定量进行优选，有些方案不符合设计要求或各分功能的解不相容，这些应该删去。定性地选出几个可行方案，并进行原理性试验、评价和决策，从中选出符合功能目标的最佳原理方案。通过综合考虑列取以下 5 种可行的方案：

Ⅰ：Al＋B1＋C2＋D1＋E1；

Ⅱ：Al＋B2＋C1＋D2＋E2；

Ⅲ：A2＋B2＋C1＋D3＋E3；

Ⅳ：A2＋B3＋C2＋D3＋E4；

Ⅴ：A2＋B3＋C3＋D2＋E4。

3. 评价与决策

机械创新设计的一个显著特点就是多解性，同一功能往往会有多种方案。在设计过程中，设计者要根据需要提出尽可能多的方案，然后从中选出最优解方案，这就涉及评价与决策。

① 外行星轮传动、内行星轮传动都可以实现变体式车轮的行进，但后者结构更加简单、紧凑，更像是一个车轮。

② 轮体交错变形方式，履带伸展长度较大，实现起来比较困难，展开的那部分轮体不能与车体固连，载重性能差。轮体收缩变形方式，内部结构复杂，变体式车轮质量大，载重时，轮体伸展困难，对伸展动力要求较高，因此实现起来非常困难。履带变形方式，内部只有一对伸展结构，因此结构更加简洁，但要求履带具有一定的弹性，履带结构相对复杂。

③ 整体橡胶履带在使用方面，承载力以及抗破坏能力较弱，适合于轻型越障机械，如机器人底盘等。直线拉伸式履带，履带与轮毂不是一个整体，而且质量比整体橡胶的大一倍以上，外周履带的离心力较大；履带变节距，无法采用普通履带的齿啮合传动，动力传递效率难以得到保证。旋转拉伸式履带，空间有限，对旋转弹簧的要求较高；通过旋转改变水平拉伸距离，拉伸尺寸受高度影响较大，水平可拉伸距离受限，重量比较大。

④ 摩擦传动，凭借变体式车轮与履带间的摩擦力带动履带随着轮体转动，考虑到摩擦力比较小，因此摩擦传动一般只用于小型履带机器人。齿啮合传动，能够提供比较大的力，但对结构有一定的要求，一般用于大质量大载荷的装甲车辆。

⑤ 电机，系统输出力较小，适用于小型轮履变形机器人。电动缸，将伺服电机的旋转运动转换成直线运动，考虑到变体式车轮结构尺寸，伺服电机一般较小，因此传动效率较低，气动缸工作压力比较小，而且工作平稳性较差，很难满足所设计变体式车轮压力要求。液压缸工作平稳，易于实现过载保护和自动化控制，对液体压力、流量和方向易于进行精确调节和控制，相比较而言，液压缸更符合变体式车轮的设计要求。

现在用简单评价法，用"＋＋"表示很好，"＋"表示好，"－"表示不好，其评价结果见表 3-8。

表 3-8　简单评价法评价结果

方案	Ⅰ	Ⅱ	Ⅲ	Ⅳ	Ⅴ
结构紧凑	－	＋	＋	＋＋	＋＋
布局简单	－	＋	＋	＋＋	＋＋
与普通车轮互换	－	＋	＋＋	＋＋	＋＋
承载能力	－	＋	＋	＋＋	＋
履带可靠性	＋＋	＋	＋	＋	＋
履带质量	＋	＋＋	＋＋	＋	－
结构稳定性	－	＋	＋	＋＋	＋
总计	3"＋"	8"＋"	9"＋"	12"＋"	8"＋"

结果表明，方案Ⅳ为较为理想的方案。如图 3-73 所示，变体式车轮可分为展开机构、伸展臂、辅助轮和变形履带、驱动主轮几部分。展开机构提供伸展力，伸展臂慢慢展开，辅助轮带动变形履带变形。当伸展力撤掉时，变形履带会在恢复弹力的作用下变回圆形状态，即车轮变回轮式状态。其三维模型如图 3-74 所示。

4. 备料

材料主要根据材料清单（见表 3-1）描述的材质、规格去准备，需要购买的配件可在实体店或购物网站购买，尽量节约成本。

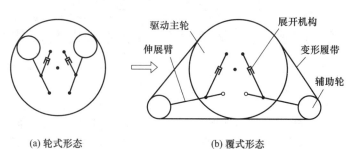

(a) 轮式形态   (b) 覆式形态

图 3-73 变体式车轮结构示意图

(a) 变体轮轮式状态   (b) 变体轮履带式状态

图 3-74 变体式车轮整体模型

5. 制作

在制作过程中还需要注意以下事项：

① 安全使用加工制作工具。

② 绘制设计图纸，根据工程图纸加工制作。

③ 制订合理的制作工艺，节约材料。

④ 制作过程中持续改善，及时更正设计方案。

⑤ 保留加工制作工艺文件。

6. 验证

设计制造后要对变形体车轮进行可靠性验证，具体验证项目（表 3-9）。验证分数达到80分以上，说明创新方案实现。

表 3-9 变体式车轮创新方案验证项目表

工序	考核项目	分值	得分
1	结构合理,运行顺畅	20	
2	容易实现变形功能	20	
3	承重能力强	15	
4	图纸完整,标注清晰	15	
5	制作工艺流程合理	15	
6	加工成本	15	
得分			

［案例3-9］ 路边立体停车位的开发与应用

（一）我要创新

1. 案例来源

随着城市经济飞速发展和城市化进程的加快，机动车已广泛进入寻常百姓家庭，停车难已成为城市面临的重大问题（图3-75），有的甚至到了"一位难求"的地步，停车问题已对现有的生活、生产、环境、安全等造成了极大的影响。对许多车主而言，每天需要思考的一个共同问题是：车停哪？以北京为例，目前北京市停车位约为302万个，而机动车保有量却高达560万辆，二者比例约为5：9。也就是说，平均每9辆车里，就有4辆车面临无"家"可归的难题。这一情况已成为国内一线城市现状的缩影。停车位明显短缺的情况在三四线城市体现得更加明显，缺口占需求总数六成也是较为"普遍"的事情。在机动车保有量突破250万辆的西安，停车位数量仅60万个左右，还不足总数的1/4。据发展改革委统计数据显示，目前我国停车位缺口超过5000万个。

图3-75 停车难

汽车停车位数量和机动车保有量的差距越来越大，停车难已经成为全社会担忧的问题，立体车库是解决这一难题的重要途径。

2. 思维拓展

按照我国机械行业标准JB/T 8713—1998，对机械式停车设备从其外形和功能上分为垂直升降类（PCS）、水平循环类（PSC）、升降横移类（PSH）、垂直循环类（PCX）、多层循环类（PDS）、简易升降类（PJS）、平面移动类（PPY）、巷道堆垛类（PXD）。现实中应用较多的为PCS类、PSH类、PPY类和PXD类。

（1）垂直升降类（图3-76）

垂直升降类立体车库亦称为塔式立体车库，工作原理与电梯类似，是通过提升系统升降，并通过搬运器实现横移，将汽车停放在井道两侧的停车设备。该停车设备由金属结构框架、提升系统、搬运器、回转装置、出入口附属设备、控制系统、安全和检测系统组成。其设备复杂，对设备安全性、稳定性要求高，一次投入较大。适宜布置在土地使用成本高，车位需求大的商场、医院、电影院等人流量较大的场所。

（2）升降横移类（图3-77）

升降横移类停车设备采用以载车板升降或横移存取车辆，一般为准无人方式，即人离开设备后移动汽车的方式。升降横移类停车设备可建在露天，也可建在大楼的地下。升降横移类停车设备有着维护简便，价格较低等优势。车库规模可随场地灵活调整，目前市场占有率超过73％，缺点是每层必须空出一个车位以便系统正常运转实现存取车操作，且存取车时载车板的升降和横移运动需要设计复杂的控制系统。适宜布置在政府机构、住宅区附近。

图 3-76　垂直升降类

图 3-77　升降横移类

（3）平面移动类（图 3-78）

平面移动类停车设备是指在同一层上采用搬运台车或起重机平面移动车辆，或使载车板平面横移实现存取停放车辆，亦可用搬运台车和升降机配合实现多层平面移动存取停放车辆的机械式停车设备。属于自动化、大型化的立体车库。此种车库一般设置在地上或半地下，准无人方式，能够充分利用地下空间，尽可能多地提供停车位且地面层车库可停放大型车辆，缺点是设备结构复杂，占地面积多。适宜布置在高速公路服务区、机场等场所。

（4）巷道堆垛类（图 3-79）

巷道堆垛类停车设备，是采用以巷道堆垛机或桥式起重机将进到搬运器的车辆水平且垂直移动到存车位，并用存取机构存取车辆的停车设备。主要由进出口设备、库内搬运设备、车辆存放设施、电控系统、安全检测装置等组成。此种立体车库是一种集机、光、电自动控制为一体的全自动化立体停车设备，用于停放小型汽车，为全封闭立体车库，安全性好，存车效率高，缺点是堆垛机在车库中往复运动时间长，故障率高，相比于垂直升降类车库，工

图 3-78　平面移动类

图 3-79　巷道堆垛类

作效率低。适宜布置在火车站、汽车站等车流量较大的场所。

3. 我想创新

目前，国内针对立体停车位的研究大多是针对车库停车问题，而路边的临时停车立体车位研究较少。根据我们对创新方法的学习，结合机械式停车设备的分类，尝试着创新设计一种能够解决路边临时停车问题的立体式停车位来缓解城市交通压力。

（二）我可以创新

小区停车难的问题出现后，很多车主愿意把车辆停放在路边，有的建筑小区内有 地下停车场，但是价格较为昂贵，很多家庭不愿意承担这个费用，所以并不会把车停放在地下停车库中，他们更倾向于把自己的私家车停放在马路边的免费停车位。在路边停车，会造成很多问题，造成坏的影响。比如：路边停车缺少有效的管理，车辆乱停乱放，很容易发生剐蹭事件，造成不必要的矛盾纠纷，破坏小区人与人之间的和谐相处。很多人为了节省钱不交停车管理费在晚上就把私家车辆停在路边，占用了路边的非机动车道和自行车道让行人必须走机动车道，这会极大地影响行人的出行安全，增加交通事故的发生率，危害社会安全，私家车的乱停乱放会影响城市的环境，影响城市的市容市貌，影响市民的心情。因此，路边停车所带来的问题必须解决。

建设立体停车场是一种最环保、最有效的解决停车位不足的办法之一。路边立体停车位的设计可以解决小区停车难的问题。在城市寸土寸金的土地上，建设立体停车位可以加大土地利用面积。使停车过程更简单，更方便。对汽车有一定的保护作用，便于物业的管理。提升城市的道路整体形象，美化居住环境。

我们可以通过对现有的立体停车库停车方案优缺点进行分析，找出我们创新的方案。现阶段的机械式立体停车库主要有升降横移模式、巷道堆垛模式、垂直提升模式、垂直循环模式、箱型水平循环模式、圆形水平循环模式。

① 采用模块化设计的升降横移式立体停车位，车位数从几个到上百个，每单元可设计成两层、多层、半地下等多种形式，此立体停车位适用于地面和地下停车场，安装灵活，造价便宜。

② 升降横移模式停车时等候时间短，停车过程更加直观，单位价格低，消防成本、外装修、土建地基等投资少，可采用 PLC 自动控制，结构简单，运行安全可靠，运行非常平稳，工作时噪声低，适用于商业区、住宅区配套停车场的使用，设备节省占地，配置灵活，建设周期短。

③ 巷道堆垛模式机械立体车库用堆垛机来存取车辆，所有车辆的升降横移均由堆垛机完成，对堆垛机的技术要求高，单台堆垛机制造成本高，所以巷道堆垛式立体车库适用于大客户使用。

④ 垂直提升模式机械立体停车库类似于电梯，车位框架布置在提升机的两侧，一个汽车旋转台固定在地面，可避免司机停车过程中的调头。垂直提升式机械立体停车库一般高度几十米，要求设备安全，精度要高，因此造价较高，但占地面积却最小。

⑤ 垂直循环模式停车库的特点是单位设备占地面积小，两个停车位面积可停多辆车，外装修只可加顶棚，消防可利用消防栓，单位面积价格低，地基成本、外装修成本、消防成本等投资少，建设周期短。可采用 PLC 自动控制，运行安全可靠。

综合上述几种停车方案的优点，结合小区路边停车的实际情况，旋转升降横移停车方案可以作为我们此次创新设计基础。

（三）我要实现

1. 路边立体停车位创新方案的设计

采用旋转升降横移停车方案应包括三个部分（图 3-80）：第一部分是停车框架；第二部分是升降系统；第三部分是横移系统（图 3-81）。在停车时，第一步将车开上升降系统升降板的载车板上，拉手刹，确定停车位置正确；第二步升降板在升降电机的带动下，上升至空余车位，到达车位后升降电机停止运行；第三步，横移系统开始运行，将载车板推移至停车框架上，到达指定位置后横移系统停止工作，停车完毕。

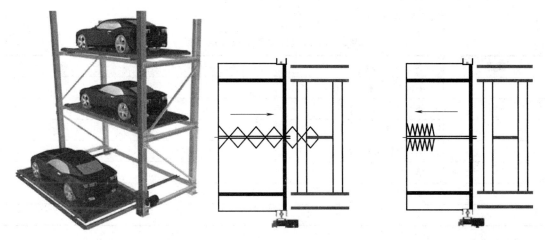

图 3-80　路边立体停车位效果图　　　　图 3-81　横移机构工作原理图

该方案的优点是：停车位结构简单，停车过程操作容易，很容易在小区停车场内进行安装。

2. 实践过程必须考虑的因素

① 充分考虑路边车辆通行和车辆停放的复杂情况，要具有单位面积容纳车辆多或停放车辆不影响正常通行的特点。

② 根据轿车尺寸确定每个车位运输机的长度、宽度。设计运输机的形式，并计算校核运输机的力学性能。

③ 根据传动结构的分析和受力的分析选择采用运输机横移。选择链轮和链，确定尺寸。选取发动机、减速器。对上述部件进行力学校核。

④ 若使用载车板输送，考虑是否采用双车板交换法，减少了送回车板的动作，从而减少了取车时间。

⑤ 载荷应均匀分布，机械工作效率才能较高。

⑥ 确定制动方案。选择电磁接触阀。

⑦ 应充分使立体停车库的结构简单，工作可靠，拆装维修方便。

⑧ 考虑安全防护设计。

⑨ 考虑环保设计。

⑩ 经济性考虑。

⑪ 实体模型的制作可以采用易加工的材料进行，如木料、塑料等。

⑫ 实践过程注意安全。

3. **实践结果**

① 设计图纸及使用说明书。

② 材料清单（见表 3-1）。

③ 加工工艺文件。

④ 实体模型。

⑤ 产品展示报告 PPT。

4. **验证**

设计制造后要对路边立体停车位进行可靠性验证，具体验证项目（表 3-10）。验证分数达到 80 分以上，说明创新方案实现。

表 3-10　路边立体停车位验证项目

工序	考核项目	分值	得分
1	单位占地面积所容纳车的数量	20	
2	外形美观、结构合理	20	
3	设计图纸齐全	15	
4	受力分析充分、可靠	15	
5	模型制作	15	
6	加工成本	15	
得分			

［案例 3-10］　近视眼太阳眼镜的开发与应用

（一）我要创新

1. **案例来源**

有高度近视的人戴太阳眼镜是一件麻烦的事，因为他们平时都带着近视眼镜，平时外出旅游时想戴太阳眼镜，在不影响视力的情况下大致有以下两种情况：

第一种情况：将近视镜摘下，换成隐形眼镜，再戴墨镜。但戴隐形眼镜是一件比较麻烦的事，而且有些人的眼睛不适合戴隐形眼镜，特别在一些特殊情况下，容易造成隐形眼镜粘在眼膜上给眼睛造成伤害。

第二种情况：配一副与近视眼镜镜片度数一样的墨镜（图 3-82）。如果配一副有近视镜片的墨镜，如果近视发生变化，还要根据近视的变化情况同时配一副墨镜，也是一件比较麻烦的事，而且具有近视镜片的太阳眼镜价格高，会增加使用成本。

图 3-82　常见太阳眼镜

上述两种情况都会给有近视的人戴太阳眼镜带来许多不便，那有没有第三种情况出现，使人们即容易戴上太阳眼镜，又不用特别配一副有近视度数的太阳眼镜？

2. **思维拓展**

为了解决有近视眼的人戴太阳眼镜的问题，进行思维拓展，用联想法和物-场模型分析法来找出新型太阳眼镜的技术特点。

（1）联想法

戴墨镜的目的是为了过滤强光，特点是在有强光时方便戴上、没有强光时可方便取下。根据戴墨镜的目的和特点进行联想，在生活和工作中找一个与戴墨镜相似的情境。"强光、墨镜、戴上、取下"这四个关键词可以很容易地就让人们联想到"焊接"（图 3-83）。焊接过程，电弧产生强烈的弧光，工人需要用带有墨镜片的防护罩（图 3-84）遮挡和过滤强光，以便保护眼镜和观察熔池，熄弧后移开面罩，这个过程就是一个戴墨镜的过程。

图 3-83 焊接

墨镜片

图 3-84 手持式焊接防护面罩

（2）物-场模型分析

焊接防护罩常见的使用方式主要有手持式（图 3-84）和头戴式（图 3-85）两种形式，通过对比和分析这两种形式防护面罩的特点来发掘出新型墨镜的技术特点。

图 3-85 头戴式焊接防护面罩

图 3-86 物-场模型

① 手持式焊接防护面罩的特点

手持式焊接防护面罩的使用方法是在产生弧光时用手移动面罩挡住面部，眼睛通过面罩的镜片观察熔池，镜片挡在眼睛前面过滤强光，弧熄灭后移走面罩。用 TRIZ 理论中的物-场模型进行分析，物 S1 为眼睛，场 F 为防护镜片，物-场模型如图 3-86 所示，F 在整个过程时刻发生着变化：移动遮挡→防护→移走，其特点是灵活。

戴太阳眼镜（墨镜）的物-场模型与焊接操作的物-场模型一样，S1 为眼睛，场 F 为太阳眼镜。但是戴近视眼镜的人戴太阳眼镜，S1 变成了戴眼镜的眼睛或者是眼镜，要保证 F 的灵活性，需要在 F 和 S1 之间增加一个物 S2 来适应 S1 了，其物-场模型如图 3-87 所示。

② 头戴式焊接防护面罩的特点

头戴式焊接防护面罩是将手持式变成头戴式，解放了拿防护面罩的那只手，其特点是在面罩上增加一个铰链机构，将防护镜安装在铰链上，工作时根据需要手动转动防护镜。其物-场模型与图 3-86 相似，S1 没有变化，只是 F 变成了带有铰链的防护镜，它的工作过程变成了：翻转→防护→翻转。

根据头戴式焊接防护面罩的特点，也开发了一款带有铰链机构的太阳镜（图 3-88）。这种带有铰链机构的太阳镜，由于太阳眼镜镜片与眼镜框用铰链直接连接，只能做翻转运动，不能将墨镜镜片取下，平时生活和工作中戴这种眼镜很不便利，有近视的人戴这种太阳镜与前面提到的第二种情况一样，还需要另外准备一副近视眼镜。为了解决这个问题，同样需要在 F 和 S1 之间增加一个物 S2 来改变这种结构，如图 3-87 所示。

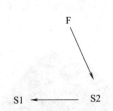

图 3-87　增加 S2 的物-场模型　　　　　　　　图 3-88　带有铰链机构的太阳镜

通过两种类型焊接防护罩的物-场模型分析，可以确定与之相似特点的太阳眼镜的物-场模型，S1 为近视眼镜，F 为带有铰链机构的太阳镜镜片，为了保证新型太阳眼镜能够方便安装和取下，需在 S1 和 F 之间增加一个 S2 来实现创新。

（二）我可以创新

在前面物-场模型分析中了解到需要增加 S2 来实现对太阳眼镜的创新。S2 起到的作用是安装和取下，在生活和工作中经常会见到有类似功能的东西，例如常见的工作牌（图 3-89），工作牌上增加一个夹子，工作人员便能挂工作牌和取下。增加一个夹子，同样也可以实现对太阳眼镜的创新。

首先，将两个太阳眼镜镜片与铰链机构相连，保证两个太阳眼镜镜片能同步转动。

然后，带有铰链机构的太阳镜镜片固定在夹子上，如图 3-90 所示，夹子能方便地夹在近视眼镜框架上，如图 3-91 所示，也能方便地取下。

图 3-89　工作牌　　　　图 3-90　带有夹子的太阳眼镜镜片　　　　图 3-91　改进后的太阳眼镜

（三）我要实现

创新方案同样通过设计、备料、加工和组装验证四个步骤来实现。实现步骤参照"案例3-1"中"我要实现"的步骤。

（四）实践实训任务书

1. 实训内容

近视眼太阳眼镜的开发与应用

2. 实训要求

（1）实训注意事项

① 由于制造眼镜的工序复杂，所以本案例的实训任务主要通过设计来完成。

② 设计完成后，根据新型太阳眼镜的创新性编写一份专业申请书。

③ 实训过程注意安全。

（2）实训结果提交方案

① 设计图纸及使用说明书。

② 产品效果图和展示报告 PPT。

③ 专利申请报告。

3. 实训进度要求

按照表 3-11 中规定的课时完成。

表 3-11 实训课时要求表

工序	步骤	课时
1	方案讨论	4
2	设计	8
3	编写专利申请书	4

4. 实训考核内容

考核方法按照表 3-2 中列举的内容进行评分。

［案例 3-11］ 限高架改良

（一）我要创新

1. 案例来源

在立交桥尤其是有主线下穿匝道桥的立交；某些桥梁的桥头，或者桥梁上跨道路的主线前；高速公路入口；公路隧道或下穿路基的汽车通道进出口这些类似的情况，为了避免超限超高车辆通过防止损坏桥梁本身，往往设置限高架。这主要是因为桥梁本身设计是不能承受较大侧向力，一旦受到侧向冲击，重者结构失稳，轻者损坏部分结构，造成安全隐患。

限高架的设置虽然保证了桥梁的安全，但是由于许多司机，尤其是客货车司机不熟悉路况，车速过快等原因，导致的事故屡屡发生，比如 2015 年 5 月 15 日上午 8 点 30 分许，一辆从中山坦洲开往云浮罗定的大客车途经中山小榄镇西海大桥附近时，因不熟悉路况，临时变道，撞上 2.5m 的限高架，两名年轻女子当场死亡，39 名乘客被转运，9 名伤者住院治疗，如图 3-92 所示。据了解，出事大客车因走错路，没有走平时的固定线路，车身高约3.8m，临时所走的联丰路限高 2.5m。

2. 思维拓展

传统的限高架造成的事故很多，部分还比较严重，究其原因其中一个非常重要的因素就是刚度太大，没有缓冲，同时提示往往不足。利用反向思维，我们是否可以将限高架适当换成一种具有绕性结构和弹性的材料制成呢？这样在保证安全的前提下，又能减少人员伤亡和财产损失。

3. 我想创新

上述的事故在各地发生比较普遍，造成的经济损失人员伤亡比较大，维修维护限高架频率很高，成本很高，那么有没有一种既能对超高车辆进行提醒，又不会对客货车造成较大损

图 3-92　限高架事故

坏的改良装置呢？

（二）我可以创新

1. 方法选择

既然问题的来源搞清楚了，那么如何解决上述问题呢？想要足够的绕性，是否需要改良材料，想要重复利用，是否考虑一定的缓冲？

方法选择要考虑增加限高架足够的绕性及缓冲，我们可以应用 TRIZ 创新理论中"相反原则"和"预先反作用原则"的方法对问题进行分析和研究。

2. 相反原则

通过分析限高架的结构和特点，从弹性不够中提出解决弹性问题的功能，并进行设计。

（1）选择合适材料，提高柔性

利用创新思维中的发散思维，列出具有柔性的非金属材料有橡胶、塑料、硅胶，金属材料有锰钢、弹簧钢、不锈钢等。材料上可以选择上述一种或多种材料，可以选择嵌套双层碳钢管，在两层钢管中添加非金属材料，如图 3-93 所示。

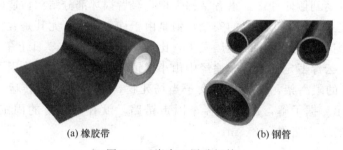

(a) 橡胶带　　　　　　　(b) 钢管

图 3-93　嵌套双层碳钢管

（2）选择合适结构

典型的结构就是弹簧（图 3-94）、跳板（图 3-95）和部分梁结构等。

3. 预先反作用原则

限高架的第二个问题就在于不可重复使用，即使弹性再好的结构及材料，面对数十吨的货车都会撞变形损坏，那么我们可不可以利用预先反作用原则，把撞击点前移，配合柔性材料及阻尼作用，而不把冲击直接传递到立杆上，足够长的缓冲也足以给驾驶员信号以减速，

图 3-94 弹簧

图 3-95 跳板

从而避免更大事故。

当前面撞击柔性杆以后，如何将柔性杆回到初始位置呢？回弹的实现可以利用创新思维中的联想思维，联想到弹簧式安全阀。如图 3-96 是利用弹性元件回弹；重锤式安全阀如图 3-97，是利用重力回弹。综合分析弹簧式如果刚度过小会造成缓冲效果差，刚度大造成很快传导给立杆，所以可以采用重锤式较为理想，但重锤式也有问题就是在冲击的一瞬间，会产生非常大的作用力，在重锤处需要改进加弹簧，如图 3-98 所示。

4. 组合

大家根据各自创新方案进行设计，如图 3-99 给出了其中一种功能组合，供参考。

图 3-96 弹簧式安全阀

图 3-97 重锤式安全阀

图 3-98 在重锤处加弹簧

图 3-99 功能组合

（三）我要实现

创新方案主要通过设计、备料、加工和组装、验证四个步骤来实现。

1. 设计

设计过程主要注意以下事项：

① 使用三维机械设计软件进行设计（UG/Catia/Proe/Solidworks 等）。

② 设计结构简便，易组装；零件简单，易加工。

③ 总体结构设计完后须进行仿真分析（受力分析、运动分析等）。

④ 仿真验证后，出工程图纸，说明书。

⑤ 制订材料清单（BOM 表），见表 3-1 所示。

2. 备料

材料主要根据材料清单（见表 3-1）中描述的材质、规格去准备，需要购买的配件可在实体店或购物网站购买，尽量节约成本。

3. 加工和组装

加工和组装时应尽量使零件易加工、加工成本低，保证组装的产品可靠。还需要注意以下事项：

① 安全使用加工工具。

② 根据工程图纸加工。

③ 制订合理的加工工艺，节约材料。

④ 加工过程中持续改善，及时更正设计方案。

⑤ 保留加工工艺文件。

4. 验证

产品组装后要对产品进行可靠性验证，具体验证项目如表 3-12 所示。验证分数达到 80 分以上，说明创新方案实现。

表 3-12　限高架创新方案验证项目表

工序	考核项目	分值	得分
1	安全性能	20	
2	功能	20	
3	便利性	15	
4	可靠性	15	
5	加工成本	15	
6	舒适性	15	
	合计		

［案例 3-12］　捕鼠器的开发

（一）我要创新

1. 案例来源

老鼠是一种啮齿动物，属于四害之一，哺乳动物，有锋利的牙齿，是哺乳动物中种类最多，分布最广，数量最大的一类。它们的体型较小，具有产仔数多、寿命短、性成熟快、适应性强的特点。繁殖季节一般在春季和秋季，老鼠会打洞、上树，会爬山、涉水，对人类危害极大。能传播疾病、病毒，污染水源，老鼠盗食种子，毁坏树苗，危害林业；挖掘田地，偷吃粮食，危害农业；啃咬衣物、食品；在堤坝上打洞造成水灾；破坏财物；污染环境；扰人安宁。除了天敌捕鼠外，人们还利用器械（老鼠夹子、老鼠笼子、电子捕鼠器等）、药物方法灭鼠。

要抓住老鼠可不容易，这是因为老鼠有其独特的特点：

① 夜出昼伏凭嗅觉就知道有什么食物，吃饱后三三两两打闹、追逐，饿了或发现有新的美味食物，再结伴聚餐。夜晚人类基本休息且天黑，所以很难捕鼠。

② 非常灵活且狡猾，怕人，一只成年的老鼠的智商堪比一个三岁小孩，活动鬼鬼祟祟，出洞时两只前爪在洞边一爬，左瞧右看，警惕性极高，确感安全方才出洞，它喜欢在窝—食物—水源之间建立固定路线，以避免危险。

③ 视力敏捷、嗅觉灵敏。老鼠大多数在夜间活动、觅食，夜间活动的老鼠在很暗光线下能察觉出移动的物体，当其闻到同伴受伤的异味时，不会靠近。

④ 很强的拒食性和记忆性。在熟悉的环境中改变一部分，立即会引起它的警觉，不敢向前，经反复熟悉后方敢向前。如在某处受过袭击，它会长时间回避此地。

⑤ 钻洞、跳跃、游泳、攀爬本领高。家鼠鼠洞很明显，钻洞能力强，可跳跃自己身长9倍的距离。也可涉水游泳，可以说是全地形适应。

2. 思维拓展

老鼠难抓，主要在于老鼠的许多特点，要想设计出捕鼠装置，首先应该考虑老鼠的特性及现有捕鼠装置的优缺点，利用收敛思维和发散思维，聚焦于现有捕鼠装置的不足，着力于问题，集中各方面知识，设计出对老鼠的活动影响最小，留下异味最小，重复抓捕的连续捕鼠装置。

3. 我想创新

由于老鼠对人和环境造成很大的危害，很早就有了简单的捕捉的发明，比如老鼠夹（图 3-100）、粘鼠板（图 3-101）、踏板式捕鼠器（图 3-102）和滑落式捕鼠器（图 3-103）等，但每一种捕鼠装置都有一定的局限性。比如老鼠夹或踏板捕鼠器一旦使用一次之后，往往不能继续使用，原因就是老鼠的嗅觉灵敏，一旦有老鼠被夹住，那么必然留下一定的味道。粘鼠板对于地面要求非常干净，且其味道容易让老鼠记住，对于地面有灰尘的情况，粘住的老鼠也容易逃脱。那么能不能开发一种可重复使用，捕捉成功率高的捕鼠器呢？

图 3-100 老鼠夹

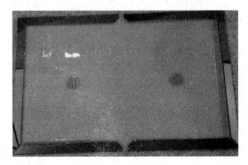

图 3-101 粘鼠板

图 3-102 踏板式捕鼠器

图 3-103 滑落式捕鼠器

（二）我可以创新

1. 方法选择

要想解决这个问题，既不留下味道，又符合老鼠喜欢钻洞、靠墙走，反应灵敏等特点。可以使用机构组合创新方法，把红外线感应和相应的捕鼠机关进行功能组合，组合不同学科知识，结合各种创新思维进行设计完成。

本次设计的连续捕鼠装置由触发装置、捕捉机构和储鼠机构三部分组成。

2. 触发装置

在生活中红外感应用在厕所，感应门、夜灯、防盗等地方，红外感应原理如图 3-104，当人体的手或身体的某一部分在红外线区域内，红外线发射管发出的红外线由于人体手或身体遮挡反射到红外线接收管，通过集成线路内的微电脑处理后的信号发送给脉冲电磁阀，电磁阀接收信号后按指定的指令打开阀芯来控制水龙头等执行机构；当人体的手或身体离开红外线感应范围，电磁阀没有接收信号，电磁阀阀芯则通过内部的弹簧进行复位来控制开关等执行机构。

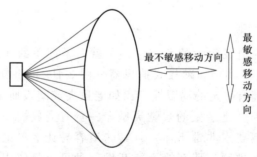

最不敏感移动方向 ↔ 最敏感移动方向

图 3-104 红外感应原理

如果使用红外线代替传统的机械触发，可以有效提高成功率，这也要求在创新时要不断拓展知识领域。

3. 捕捉机构

根据发散思维可以选择设计侧扣式（图 3-105）、关门式（图 3-106）、扣压式（图 3-107）、正扣式（图 3-108）、撞击式（图 3-109）等，可以根据自己想法自行选择，同时考虑到各种捕捉机构的结构特点，综合利用。侧扣式的优点就是对老鼠的路线无影响；正扣式的不足是容易压伤老鼠，导致其他老鼠因闻到味道捕捉不成功；撞击式优点就是利用高位撞击板把老鼠撞到一定深度的水桶里，不足则是需要老鼠爬到特定的位置才行；关门式，尤其是双关门式，可以有效避免老鼠逃脱和死伤；扣压式不适合连续捕鼠。

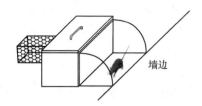

图 3-105 侧扣式

图 3-106 关门式

图 3-107 扣压式

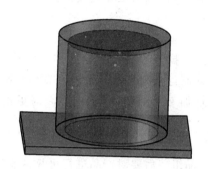

图 3-108 正扣式

4. 储鼠机构

连续式捕鼠器效率高，但要考虑已抓获的老鼠的安置问题，需要设置储鼠装置，如图 3-110 所示，储鼠装置的设置需考虑的因素较多，首先是老鼠只能从单侧进，以避免原来的老鼠跑出，其次需要保证通风透气，避免老鼠死亡异味，最后要能够顺利取出和锁住。

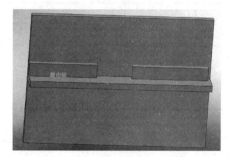

图 3-109 撞击式

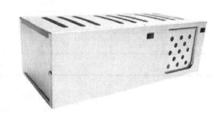

图 3-110 储鼠装置

5. 机构进行组合优化

要实现连续捕鼠，就要选择上述机构进行组合，同时需要利用自动化知识把红外传感器与机械结构创新组合应用，一只老鼠捉成功后要能够完成复位功能。在整体结构选择上要尽可能适应老鼠靠墙走的习性，少在路上设置障碍，以减少老鼠的拒食性。

（三）我要实现

创新方案主要通过设计、备料、加工和组装、验证四个步骤来实现。

1. 设计

设计过程主要注意以下事项：

① 使用三维机械设计软件进行设计（UG/Catia/Proe/Solidworks 等）。

② 设计结构简便，易组装；零件简单，易加工。

③ 总体结构设计完后须和自动化相关的师生共同完成控制部分的设计、制造。

④ 仿真验证后，出工程图纸，说明书。

⑤ 制订材料清单（BOM表）。

2. 备料

材料主要根据材料清单（见表3-1）中描述的材质、规格去准备，需要购买的配件可在实体店或购物网站购买，尽量节约成本。

3. 加工和组装

加工和组装时应尽量使零件易加工、加工成本低，保证组装的产品可靠。还需要注意以下事项：

① 安全使用加工工具。

② 根据工程图纸加工。

③ 制订合理的加工工艺，节约材料。

④ 加工过程中持续改善，及时更正设计方案。

⑤ 保留加工工艺文件。

4. 验证

产品组装后要对产品进行可靠性验证，具体验证项目如表3-13所示。验证分数达到80分以上，说明创新方案实现。

表 3-13　捕鼠器创新方案验证项目表

工序	考核项目	分值	得分
1	安全性能	20	
2	功能	20	
3	便利性	15	
4	可靠性	15	
5	加工成本	15	
6	重复使用性	15	
合计			

参 考 文 献

［1］ 吕仲文. 机械创新设计. 北京：机械工业出版社，2004.

［2］ 徐起贺. 机械创新设计. 北京：机械工业出版社，2016.

［3］ 罗绍新. 机械创新设计. 北京：机械工业出版社，2007.

［4］ 张春林. 机械创新设计. 北京：机械工业出版社，2007.

［5］ 孙汉银. 创造性心理学. 北京：北京师范大学出版社，2016.

［6］ 吴宗泽. 机械结构设计. 北京：机械工业出版社，1988.

［7］ 高志，黄纯颖. 机械创新设计. 北京：高等教育出版社，2010.

［8］ 吴宗泽. 机械结构设计准则与实例. 北京：机械工业出版社，2006.

［9］ 黄靖远，高志，陈祝林. 机械设计学. 北京：机械工业出版社，2017.

［10］ 周文平，付龙虎. 基于数值模拟的节能车车身优化设计［J］. 酒城教育，2017（01）.

［11］ 关靖川. 节能车车身空气动力学分析［J］. 现代商贸工业，2017（02）.

［12］ 杨冲. 节能赛车的车架轻量化与车身动力学研究［D］. 太原科技大学，2014.

［13］ 朱辰，郑若浩. 吹毛求疵与缺点列举法［N］. 中国工业报，2005/02/08.

［14］ 滕发祥. 一种成熟的创新技法——列举法［J］. 重庆职业技术学院学报，2004（02）：21-22.

［15］ 王星河. 缺点列举法与希望点列举法在产品设计中的组合应用［J］. 艺术. 生活，2010（03）：62-6

［16］ 信建英. 希望点列举法在产品创新设计中的应用探讨［J］. 科技与创新，2017（10）：59.

［17］ 许毅. 一种多功能太阳伞的设计［J］. 价值工程，2016，35（03）：131-132.

［18］ 王玉勤，张连新. 一种新型太阳伞的设计［J］. 佳木斯职业学院学报，2015（03）：395-396.

［19］ 徐岩，张学玲，段秀兵. 基于功能分析设计法的变体式车轮设计［J］. 军事交通学院学报，2016（09）：84-88.